上田篤盛
Ueda Atsumori

情報分析官が見た
陸軍中野学校

秘密戦士の孤独な戦い

並木書房

戦後に刊行された第三者の手による一部著書では、話題性を重視したのか、中野学校関係者にとって憤怒《ふんぬ》を禁じ得ない記述も少なくない。

本書は、そういった著作や報道に影響を受けて「戦前の中野学校では尋常でないハードな教育訓練が行なわれ、卒業生はなんでもできる」といった中野学校や同校出身者（以下、中野出身者）を過大視するスーパーマン的な伝説を信じる人には、やや失望感を与えることになるかもしれない。

というのは、ここで描いているのは、「中野出身者は秀英であったが、一年程度の学校教育で、いきなり〝スーパー秘密戦士〟が育つわけではない」というスタンスだからだ。すなわち〝中野スーパー伝説〟の否定論をとっている。

なぜなら、この〝中野スーパー伝説〟こそが、残念ながら中野出身者が戦後の帝銀事件や金大中事件などの重大犯罪へ関与したなど、いわれなき風説を世に蔓延させている原因だからだ。

それらの中野学校に対する誤認識が連鎖して、現在の陸上自衛隊情報学校などへの誤った認識につながる可能性も懸念される（すでに一部でそうした事態も起きている）。

このようなことは同情報学校の前身である調査学校および小平学校で一〇年以上も教鞭をとった筆者としてはどうしても看過できない。

そこで、数年前に自衛隊を退官し、一民間人として外部から組織を眺めることができるようになった今、戦時での秘密戦の実相と秘密戦士を育成する学校教育のあり方を再び研究し直して、後世にいささかなりとも助言を残すことができればと考えた次第である。

まず、大きな誤解を訂正しておこう。中野学校は情報機関ではない。太平洋戦争前に、「秘密戦」に関する教育や訓練を目的として創設された大日本帝国陸軍の学校であった。一部では中野学校を情報機関や謀略機関などと誤解して、当時のソ連、英国の国家情報機関などと比較して評価する向きも見られるが、このようなことはあまり意味がない。

次に、ここでいう「秘密戦」について説明する。

「秘密戦」をネット検索すると「諜報活動」と「陸軍登戸研究所」という二つの項目が上位に並んでいる。

この「諜報活動」は、「ウィキペディア」によれば「インテリジェンスをはじめとする情報に関する活動」とあり、戦前の陸軍参謀本部は「インテリジェンス」を「秘密戦」と呼称し、秘密戦は「諜報」「防諜」「宣伝」「謀略」の四つに分類したと解説されている。中野学校でいう「秘密戦」もこれら四つの情報活動を指している。(17頁参照)

「陸軍登戸研究所」は、一九三九年一月に神奈川県川崎市の登戸に設置された「陸軍第九技術研究所」(66頁参照)のことで、別名「秘密戦研究所」と呼ばれ、ここで風船爆弾、生物兵器、電波兵器、偽装紙幣などを開発・製造したとある。この説明からは「秘密戦」は特殊兵器を用いた戦いというイメージを持たれるだろう。

また、最近では秘密戦と太平洋戦争末期の沖縄戦を関連づけるケースがしばしば見られる。二〇一八年に公開された映画『沖縄スパイ戦史』には「沖縄『秘密戦』の実態」というフレーズが使われ、秘密戦とは米兵相手に隠れて行なうゲリラ戦（遊撃戦）という印象を与える。

このように中野学校、登戸研究所、沖縄戦で用いられる「秘密戦」の意味はそれぞれかなりの違いがある。当然、秘密戦という言葉を聞く側にも異なるイメージが存在するだろう。

だが、いまだにその違いを明らかにせず、さまざまなメディアで混同して使用するケースが数多く見られる。それも中野学校のイメージを貶《おとし》めた原因の一つである。

本書でいう「秘密戦」とは、中野学校が定義した「諜報」「防諜」「宣伝」「謀略」の四つの情報活動である。

陸軍あるいは中野学校では、秘密戦と遊撃戦を異なるものとして区分していた。よって沖縄戦で行なわれたゲリラ戦は「遊撃戦」であって、本書でいう「秘密戦」ではないこともここで述べておきたい。

ともすれば秘密戦と遊撃戦が混同され、太平洋戦争中期から末期にかけて、アジア各地や沖縄で行なわれた遊撃戦を中野学校と関連づけて語られることが多いが、本書では主として「情報活動（情報戦）」の視点から「中野学校」の実相を描くことに留意した。

それゆえに「秘密戦」という言葉の意味や秘密戦の四つの手段（諜報、防諜、宣伝、謀略）の概説と、中野学校創設以前の秘密戦の歴史についても第一次世界大戦までさかのぼって考察した。

冒頭に述べたように、本書の目的の一つは中野学校の教育から現代的な教訓を導くことにある。したがって本書の記述の多くを同校での教育評価や精神教育の考察に振り分けた。

当時、国家および陸海軍が本格的な情報教育の機関を有していなかったため、中野学校での情報教育は画期的なものだった。学校関係者や学生が時代の魁《さきがけ》として学校の創設や教育に向き合い、いかなる苦労と創意工夫を重ねたかなどを考察する意義は大きい。

さらに、筆者には「秘密戦」を過去の出来事としてではなく、現在進行形でとらえるものという認識がある。現代社会は、テレビ、パソコン、スマートフォンなどの情報機器が生活の隅々まで入り込み、インターネットによって世界とつながっている。ここでは、〝情報を武器にした戦争状態〟に誰もが巻き込まれしまう危険性を孕《はら》んでいる。

それゆえに、かつての「秘密戦」を研究し、それを任務とする人材育成の場であった中野学校を正しく評価し、現代に伝えることは、歴史の専門家のみならず、今を生きる日本人すべての安全と防衛意識の改革につながるであろう。

さらに、対米英との国力格差があったなか、太平洋戦争に向かうかもしれないという危険かつ不透明な時代に、一つの勝算として「秘密戦」の運命を託された中野教育の実相を回顧することは今日的テーマであろう。

つまり、不確実かつ不透明なＩＣＴ（情報通信技術）、ＡＩ（人工知能）社会に対応し得る人材育成や教育のあり方が議論されているが、先進的で自由闊達な中野教育は一つの羅針盤になると筆者は確信する。

「秘密戦」とは有史以来、各国が公然と行なってきた情報関連活動のことであり、要するに現代用語である「情報戦」「インテリジェンス（※）」と同義である。だが、本書では現代用語を使用せず、あえて「秘密戦」を使用した。

これについては筆者なりの思いが込められているが、その理由については本書の中で明らかにしていきたい。


（※）インテリジェンスには知識、組織、活動という三つの領域での意味があるが、ここでの意味は活動としてのインテリジェンス、すなわち情報活動のことを指す。情報活動は積極的活動と消極的活動に区分でき、前者にはエスピオナージ、カバートアクション（秘密工作）、後者にはカウンターインテリジェンスなどがある。諜報がエスピオナージ、宣伝と謀略がカバートアクション、防諜がカウンターインテリジェンスにほぼ該当する。

目次

第2章　第一次大戦以降の秘密戦　44

第5章　中野学校の教育　121

第6章　なぜ精神教育を重視したか　160

第8章　中野学校を等身大に評価する　231

第1章　秘密戦と陸軍中野学校

秘密戦とは何か？

目的が秘密である戦争手段

まず「秘密戦」について、中野学校関係者の書籍や発言などから外郭を固めたい。

戦後に中野学校関係者が組織した「中野校友会」が編纂した著書に『陸軍中野学校』（非売品、以下『陸軍中野学校』校史と呼称）がある。

同書によれば、従来いわゆる情報活動なり情報勤務といわれていた各種の業務、すなわち「諜報」「防諜」「宣伝」「謀略」を総括して、中野学校が創立後しばらくたった頃から「秘密戦」と呼ぶようになった。

かつて中野学校教官であった伊藤貞利《さだとし》は以下のとおり述べる。

「秘密戦とは武力戦と併用されるか、あるいは単独で行使される戦争手段であって、諜報・謀略・防諜などを包含している。諜報、謀略、防諜が秘密戦と呼ばれるのは一体どういうわけだろうか。それは一般的に言って秘密の『目的』を持ち、その目的を達成するための『行動』に秘密性が要請されるからだ。

ただし、謀略の場合には『目的』はあくまで秘密とするが、『行為』は大びらに行わなければならないことが少なくない。例えばある秘密目的を達成するためには物件を爆破・焼却したり、暴動を起こしたり、デモ行進をしたり、暴露宣伝を行なったりするなど、大びらな行動をするような場合が比較的多い」（伊藤貞利『中野学校の秘密戦』）

伊藤の論旨は「秘密戦とは行為にもできる限り秘密性が要請されるが、目的には絶対的な秘密性が要請される行為である」ということである。

すなわち秘密戦とは「目的が秘密である戦争手段」だと言っている。これは秘密戦に関する本質を衝いた卓見である。

ただし、これらは秘密戦をあえて論理的に定義することを試みたものである。中野出身者（乙I長、二期生）の原田統吉は次のように述べている。

「『秘密戦』という言葉があります。それは正確に論理的に規定しようとすると、はなはだ曖昧なものになってしまう、多少厄介な観念です。

だが、現実に『冷戦』と言う以外に言いようのない関係が、十年以上の長期にわたって世界に存在したように、『秘密戦』としか言いようのない『戦い』の領域が存在することを否定するわけにはいきますまい。強いていえば、それは、『非合法をも含む秘密の手段をもってする闘いであり、平戦両時を通じて行われる』とでも規定し、その具体的な現象は『諜報・謀略・防諜・宣伝等』であると考えられている戦い……という程度の表現で満足するしかないようです」（『歴史と人物』昭和四九年五月号、原田統吉「私の受けた中野学校の精神教育」）

このように、秘密戦に従事した個人にとっては、言葉では表せない特別な感情を持った行為であった。

秘密戦とは「戦わずして勝つこと」

秘密戦の本質を探究するためには、その目的を考えることが重要である。これは秘密戦と対をなす武力戦との関係を考察することで明らかになるだろう。

前掲書『中野学校の秘密戦』から、要点を整理すると次のようになる。

秘密戦とは武力戦と併用されるか、あるいは単独で行使される戦争手段である。秘密戦は、友好国間の修好、敵性国家間の力のバランスを確保することで、平時での平和、すなわち戦争抑止の追求を

第一の信条としている。秘密戦は、開戦後でも武力戦のように軍事力の直接的な交叉《こうさ》によるのではなく、間接的に敵の死命を制する要点を攻撃し、敵の組織的連携を崩し、進んで和戦、講和を醸成することを狙いとしている。

つまり、武力戦のように敵国戦力に対する物理的破壊ではなく、心理工作により敵国内に不協和音や厭戦気運などを生起させて、早期に講和交渉などに持っていくことを主眼としているのである。

これに関して思い起こされるのは『孫子』の兵法である。第三編「謀攻」には「百戦百勝は、善の善なる者にあらず。戦わずして人の兵を屈するは善の善なる者なり」「故に上兵は謀を伐つ。その次は交わりを伐つ。その次は兵を伐つ。その下は城を攻む」との記述がある。

これは、武力戦で勝利を得るのではなく、謀略や外交によって「戦わずして勝つ」のが最善であることを説いている。

中野出身者の牟田照雄《むたてるお》（陸士五五期、3乙、戦後は公安調査庁）氏は、筆者の「秘密戦とは何か？」の質問に対し、「秘密戦とは、戦わずして勝つことである」と喝破《かっぱ》した。

もちろん、ひとたび戦争を決意すれば、秘密戦は武力戦と同時並行的に行なわれ、表面上は暴力がともない、武力戦との垣根は不明瞭になるが、その際にも目的・目標としての「戦わずして勝つ」は継続されることになる。

つまり、秘密戦とは、平時・戦時を問わず、「戦わずして勝つ」を戦略・戦術の全局面で常に追求する戦いなのである。

秘密戦と遊撃戦の違い

中野学校の創設目的は「秘密戦士」を養成することであった。しかしながら、太平洋戦争が開始されると、同校卒業生の任務は時代の激流に翻弄され、特務機関の要員として残置諜者《ざんちちょうじゃ》（敵の占領地内に残留して味方の反撃に備え各種の情報収集にあたる諜報員）となり、現地でのゲリラ戦の従事者などに変化した。

また戦争末期、日本軍が守勢に立たされると、陸軍参謀本部は中野学校に対し、遊撃戦教令の起案および遊撃戦幹部要員の教育を命じた。つまり、中野学校の教育が「秘密戦士」から「遊撃戦士」へと完全に転換されたのであった。（『陸軍中野学校』校史）

この転換について、前出の牟田氏は「秘密戦は戦わずして勝つことであるから、日米戦争開始（一九四一年一二月）以降の中野学校教育は本来の教育ではない」旨を筆者に語った。

そこで、秘密戦の意義や特質をより明確にするために、遊撃戦についても言及しておこう。『陸軍中野学校』校史は次のように記述する。

「遊撃とは、あらかじめ攻撃すべき敵を定めないで、正規軍隊の戦列外にあって、臨機に敵を討ち、あるいは敵の軍事施設を破壊し、もって友軍の作戦を有利に導くことである。したがって遊撃戦とは、遊撃に任ずる部隊の行う戦いであって、いわゆる『ゲリラ戦』のことである。

遊撃戦は一見、武力戦の分野に属するかのように見えるが、その内容は、一時的には武力戦を展開するが、長期的にはその準備および実施の方法手段を通じて主として秘密戦活動を展開するのである。したがって遊撃戦の本質は、秘密戦的性格が主であって、武力戦的性格が従である。

遊撃部隊は、わが武力作戦の一翼を担い、少数兵力をもって、神出鬼没、秘密戦活動と武力戦活動とを最大限に展開して、もってわが武力作戦を有利に導くのである。したがって遊撃部隊は、わが綜合的対敵戦力の増強に寄与するものである」

以上のことを整理すると、秘密戦も遊撃戦も目的や行動が秘密という点は類似している。

他方で主従関係については、秘密戦は平時と戦時の両方で時として単独で目標を達成することがあるので常に武力戦の〝従〟ではない。しかし、遊撃戦は平時には行なわれないし、単独で目的達成を目指すこともない。あくまでも戦時での武力戦の〝従〟という関係にある。

言いかえれば遊撃戦は、戦時に作戦部隊をもって行なう作戦機能であるが、一方の秘密戦は、平戦両時に情報部隊をもって行なう情報機能であるともいえる。

さらに付言するならば、秘密戦は平戦両時で軍隊以外の個人または集団が行なう非軍事的な行動をとる場合が多々ある。つまり、秘密戦は戦場での作戦や戦術的な運用のみならず、非戦場や一般社会で、政治や外交の裏面で広範多岐に運用されるという特質がある。

極秘マニュアル『諜報宣伝勤務指針』

秘密戦の四つの形態（諜報・防諜・宣伝・謀略）について見ていく前に、その考察の基準とした陸軍マニュアルについて言及しておこう。

一九二八（昭和三）年二月に陸軍参謀本部が策定した『諜報宣伝勤務指針』は、当時の諜報および宣伝、謀略などの秘密戦を専門的に扱ったマニュアルである。秘密区分は「軍事機密」に次ぐ「軍事極秘」である。

昭和初期の教範類の編纂について触れると、日本陸軍の将軍および参謀のために国軍統帥の大綱を説いた『統帥綱領(※)』（一九二八年発刊）がある。これは「軍事機密」書である。

次に『統帥綱領』を陸軍大学で講義するために使用した参考（解説）書として『統帥参考』（一九三二年編纂）があり、これは『諜報宣伝勤務指針』と同じく「軍事極秘」書である。

少尉以上の軍幹部向けの公開教範として『作戦要務令』があり、これは軍隊の勤務や作戦・戦闘の要領などについて規定している。これには第一部から第三部まであり、情報については第一部（一九三八年制定）、宣伝については第三部（一九三九年制定）で規定される。

このような教範類の中で『諜報宣伝勤務指針』は秘密戦に特化したマニュアルであり、当時の秘密戦に関する認識を得るうえで希代の資料である。『統帥参考』および『作戦要務令』にも情報や宣伝に関する記述はあるが（『統帥綱領』にはほとんど記述がない）、『諜報宣伝勤務指針』の内容は質量ともに群を抜く。

中野学校の教材としても使用されたが、この当時は参謀本部第八課（謀略課）が厳重に保管していた。

山本武利・早稲田大学名誉教授の研究によれば、『課報宣伝勤務指針』は第一次世界大戦での英・米・仏の戦勝国や敗戦国のドイツが採用した課報、宣伝の手段を広範に研究して、日本の国家保安に資することを目的に、参謀本部の命によって作成されたという。ドイツ軍から入手した種本をもとに、参謀本部二部の要員が作成した可能性が高いという。

終戦時にGHQにより焼却が命じられたが、その時に中野学校の卒業生（乙Ⅰ長期、二期生）であった平館勝治がこれを焼却せずに限定印刷した。これが復刻版として現在までさまざまなかたちで印刷されて出回っている（詳細は、二〇一二年一二月『NPO法人インテリジェンス研究所第一回課報研究会』）

（※）『統帥綱領』は軍令でなく、参謀総長の極秘訓令として司令部や学校に配布されたのであり、強制力はなかった。最初の配布は大正三年（一九一四年）の四月から六月ごろだと推定され、その後、大正七年と昭和三年に改訂された（熊谷直『日本陸軍作戦要務令』）。敗戦時にすべて焼却されたが、昭和三七年、陸軍将校の社交クラブである偕行社の有志が、記憶を持ち寄ってまとめ上げて、一般書として刊行した。これが現在流通している。（大橋武夫解説『統帥綱領』ほか）

秘密戦の四つの手段（諜報・防諜・宣伝・謀略）

「諜報」は秘密戦の基本である

ここから『諜報宣伝勤務指針』（以下、しばしば『指針』と呼称。同指針を引用する場合は、原文の直接引用は避けて平仮名・当用漢字とし、適宜、句読点や濁点、ルビを補う）を軸に、当時のさまざまな文献や今日存在する情報関連書籍などから総合的に解釈した筆者の秘密戦への見解を述べる。

まず諜報であるが、『指針』によれば「敵国、敵軍そのほか探知しようとする事物に関する情報の収集、査覈《さかく》（現代用語でいう処理、審査に相当）、判断、並びにこれが伝達普及に任ずる一切の業務を情報勤務と総称し、戦争間、兵力もしくは戦闘器材の使用により、直接、敵情探知の目的を達しようとするものは、これを捜索勤務と称し、平戦両時を通じ、兵力もしくは戦闘器材の使用によることなく、その他の公明な手段もしくは隠密な方法によって実施する情報勤務はこれを諜報勤務と称する」とある。

要するに戦場での斥候や航空偵察などの手段による捜索とは異なり、諜報は「ヒューミント」（人的情報）と「オシント」（公開情報、文諜）を主たる手段として情報を収集する活動である。

諜報には公然諜報と隠密諜報がある。公然諜報とは大使館付武官などの公的資格者が一般的な接触や会話を通じて、または新聞、放送、雑誌、公報などの公刊物を利用して合法的に行なう諜報である。

一方の隠密諜報とは、諜報員自身が身分を秘匿・欺騙して、あるいは秘密裡に行なう諜報である。間諜《かんちょう》（スパイ）を使用する諜報活動は隠密諜報である。各国は重要な情報になればなるほど防諜手段を強化するのでどうしても隠密諜報が必要不可欠になる。

諜報勤務（諜報活動）とは、諜報機関を組織・配置し、間諜などの運用をもって情報を収集する活動をいう。そして収集した情報を査覈、報告、通報するまでを含む。

諜報は「他」を意識すれば自然と発生する探究心の一部である。だから相手国が謀略や武力戦を仕掛けていなくても、平時から広範囲に相手国や第三国に向けて自然発生的に行なわれることになる。すなわち諜報は秘密戦の基本である。

諜報は、宣伝や謀略のための手段である。諜報のみでは敵の意志を挫《くじ》く、敵の戦力基盤を破砕する、という秘密戦の目的を達成することはできない。すなわち諜報は独立して存在する闘争行為ではない。

それゆえに諜報は、情報収集という狭義の目的にとどまらず、諜報で得た情報を宣伝、謀略、防諜といったほかの秘密戦手段にどのように活かすかを考慮すべきである。すなわち諜報は秘密戦での攻防両面の前提機能である。

諜報を秘匿性の観点から謀略と比較すれば、謀略は、目的はあくまで秘密であるが、行為は公然になることが多々あるのに対し、諜報は、目的、行動ともに絶対の秘匿性を有する。

謀略が暴露されることで諜報機関とその要員が芋づる式に検挙されれば、もはや事後の秘密戦は成立しなくなる。

だから諜報機関と謀略機関は区分し、諜報機関には謀略に関与させないのが原則である。たとえば、太平洋戦争前に日本で活動したゾルゲ諜報団は、ソ連赤軍第四部から謀略（ソ連などでは秘密工作といった）は行なわないよう厳重に釘を刺されていたのである。

「宣伝」は秘密戦の中で最も知力を要する

『指針』によれば「平戦両時のいずれを問わず、内外各方面に対し、我に有利な形成、雰囲気を醸成する目的をもって、とくに対手《あいて》を感動させる方法、手段により、適切な時期を選んで、その事実を所要の範囲に宣明伝布することを宣伝と称し、これに関する諸準備、計画及び実施に関する勤務を宣伝勤務という」とある。

宣伝には、狭義の宣伝（プロパガンダ）と扇動（アジテーション）があるが、一般的には両者を合わせて宣伝と呼称する。

宣伝は、口頭、文書、その他手段（芸術作品の展示、電波発信、行為など）をもって、対象を自己の意思や思想に共鳴させようとする計画的行為である。

扇動（アジテーション）は大衆の心理を攪乱《かくらん》し、正当な判断力を失わせ、不満を自発的に吐き出せる行為をいう。宣伝は相手側の意志や思想を形成する建設的行為であるのに対し、扇動は相手側の意志などを破壊する行為である。

宣伝（以下、扇動も含む）は公開宣伝と隠密宣伝に分けられる。公開宣伝とは、宣伝の出所、企図、目的が明らかで、宣伝内容が直截的であり、宣伝を行なう手段（宣伝物の展示や配布など）が公開的である活動をいう。

隠密宣伝とは、宣伝の出所、企図、目的などが秘匿されているか、あるいはこれらが秘匿されていないとしても、宣伝内容の表現の仕方、手段が間接的である活動をいう。

一般的に公開宣伝は即効的である。一方の隠密宣伝は遅行的であるが、持続性があるので両者の長短を考慮して併用する。

第一次世界大戦後のドイツの宣伝戦の例を見るまでもなく、戦争が総力戦の形態に移行したことから、宣伝は単に武力戦の補助手段にとどまらず、平戦両時を通じての国際思想闘争の重要な手段となった。

宣伝戦に勝利するには、一貫的な統一指導理念にもとづき、一元的な宣伝機構の下に行なわなければならない。さもなければ、宣伝は自国民をいたずらに錯誤と混乱に陥らせるのみならず、敵国に対し逆宣伝の機会を与え、それが謀略上の弱点を露呈することになる。

宣伝は謀略とともに秘密戦の究極目的である「戦わずして勝つ」に直接寄与する。ここが秘密戦の手段である諜報とは異なる。このため宣伝と謀略の境界線はあいまいで、旧軍教範『統帥綱領』では宣伝謀略という複合語をもって「巧妙適切なる宣伝謀略は作戦指導に貢献すること少なからず」（大橋武夫解説『統帥綱領』）など、一体的に使用されている。

しかし、宣伝は謀略と異なり、暴力性がない。すなわち非合法という犯罪を構成しにくい。

さらに宣伝は唯一、人のみを対象とする秘密戦である。それゆえに、相手の心理、感情、理性を考慮しなければならず、その背景となる国民性、言語、風俗、人情、習慣などを知悉《ちしつ》する必要がある。人間の感情は、時期、状況、性別、年齢によって異なるため、宣伝は綿密に計画し、適宜の状況に適合させる必要がある。

また、諜報および謀略は行動の秘匿が原則であるが（ただし謀略は最終的には暴露を回避できない場合がある）、宣伝は公開的な行動が主体となる。

それゆえに、実行の確証をとらえられない諜報および謀略と異なり、宣伝の虚偽性が暴露される、あるいは真実の企図を察知されたなら、それ以後の宣伝は非常に困難をともなう。したがって虚偽性をできる限り排除し、統一した組織をもって宣伝内容の一貫性を高度に保持しなければならない。

〝知恵の戦い〟とも称せられる秘密戦の中で、宣伝は最も知力を要するといっても過言ではない。

秘密戦の主体は「謀略」

『指針』によれば、謀略は「間接あるいは直接に、敵の戦争指導及び作戦行動の遂行を妨害する目的をもって、公然の戦闘団隊以外の者を使用して行う破壊行為もしくは思想、経済等の陰謀、並びこの種の指導、教唆に関する行為を謀略と称し、これがための準備、計画及び実施に関する勤務を謀略勤務という」とある。

つまり、謀略とは「公然の戦闘団隊以外の者」を主体とする行為である。よって、戦争中、敵の背後に潜入して交通線を遮断する、司令部や倉庫などを爆薬や焼夷剤を使用して破壊する、あるいは要人を殺害する場合の扱いが問題となる。

これについては、非軍人または平服を着た軍人が行なうと謀略となり、正規の軍人が行なえば作戦行動であると解釈すべきであろうが、これも一つの解釈にすぎず、国際的にも国内的にも謀略（秘密工作、後述）の明確な定義付けや説明は行なわれていない。

また、『指針』では破壊行為と陰謀などの行動形態が示されている。

破壊行為（Sabotage）は、フランス語の「サボ」から出たもので、一八、一九世紀に、地主の土地を踏みにじったり、工場の機械の中に木靴（サボ）を投げ込んだりした農民暴徒や革命労働者たちを象徴する言葉となった。その後、ある特定目的のために不法かつ計画的に財産・器物を破壊する行為を表わす言葉が必要になって、この種の行為を「サボタージュ」と呼ぶようになった。

一方の陰謀（PlotあるいはConspiracy）とは、人に知られないように練る計画のことである。強い権力を持つ団体ないし個人がある意図を持って、一般人の見えないところで事件や事象を操作することである。

旧海軍軍令部第三部（情報担当）で米国班長を務めた実松譲《さねまつゆずる》（一九〇二〜九六年）は、これを受けて、「謀略はある国が自分の意図について他国に誤った認識を与えようとする一連の策略である」趣旨の見解を述べている。（実松譲『国際謀略』）

このように謀略には、破壊（サボタージュ）、陰謀（プロット）、欺瞞（ディセプション）を包含するような意味合いがある。

要するに相手側の錯誤を引き出すことを狙いとし、その手段にはしばしば暴力性がともなう秘密戦である。

支那事変時、蔣介石《しょうかいせき》（一八八七〜一九七五年）に対立する反蔣介石派を擁立して、蔣介石派を分立させ支那事変を終結させようとする行為を日本軍は謀略と呼称した。ここには、蔣介石側に、敵は反蔣介石派であるような錯誤を起こさせる策略があった。

謀略に相当するのが米国の秘密工作（Covert action）である。米国では、秘密工作を「宣伝」（プロパガンダ）「政治活動」「経済活動」「クーデター」「準軍事作戦」に分けている。

米国は宣伝を含めて秘密工作としているが、宣伝には暴力性がないので、宣伝と謀略の間に一線を画した旧軍の概念区分は適切である。

謀略の主体は政治および軍事機関であるが、時に国家意志にもとづく民間機関のこともある。平時での破壊行為は言うまでもなく、戦時の非軍人や平服を着た軍人による破壊行為は国際法違反になるため、高度な秘匿性が要求される。

謀略とは秘密戦の中でも、武力戦と併用される頻度が最も多い。また諜報と異なり行動が暴露される場合が多々ある。

つまり、謀略の場合、「目的」はあくまで秘密とするが、「行為」は大胆に行なわなければならないことが少なくない。

たとえば、ある秘密の目的を達成するために物件を爆破・焼却する、暴動やデモ行進を行なうといった行為を秘匿することは容易ではない。

秘密戦の究極の目的は「戦わずして勝つ」であり、この目的を達成するための「攻」の部分は諜報、宣伝、謀略からなるが、諜報と宣伝はあくまで秘密戦の前提行為である。それ自体が独立して存在する行為ではない。しかし謀略は独立的な行為である。

したがって、秘密戦では、まず諜報をもって敵情を明らかにし、ついで宣伝によって謀略が有利になるよう、謀略実施上の正当性や大義名分を確保し、謀略をもって敵の心理的破砕などを行なうことが原則である。

言うなれば、諜報と宣伝は、謀略の補助手段であり、謀略こそが秘密戦の主体であり、目的達成に直結する唯一の行為なのである。

消極的防諜と積極的防諜の違い

一九二八年の『統帥綱領』や『諜報宣伝勤務指針』では防諜という用語は誕生しておらず、「保安」や「対諜報防衛」などの用語で処理されていた。

軍事用語としての防諜の正式登場は一九三六年七月に陸軍省兵務局の新設時に、兵務局兵務課の任務の一つに「軍事警察、軍機の保護および防諜に関する事項」が明記されたことに端を発する。

従前の「対諜報防衛」という言葉は、相手側の諜報を防衛し、軍機の漏洩を回避するといった狭義の軍事的意味で用いられた。しかし総力戦の中で広範囲に諜報、宣伝、謀略が展開されるようになったため国民を広く啓蒙し、官民一体となった相手国および中立国の秘密戦に対処する必要性が生じた。その結果が「防諜」という言葉に結実した。

その約二年後の一九三八年九月、陸軍省が通知した『防諜ノ参考』および陸軍省兵務局が配布した『防諜第一號』で、防諜は「外国の我に向ってする諜報、謀略（宣伝を含む）に対し、我が国防力の安全を確保する」ことと定義し、防諜を積極的防諜と消極的防諜に区分した。

消極的防諜とは「個人、もしくは団体が自己に関する秘密の漏洩を防止する行為、もしくは措置」

のことであり、軍隊、官衙《かんが》、学校、軍工場などが自ら行なうものであった。主要施策としては、①防諜観念の養成、②秘の事項、または物件を暴露しようとする各種行為、もしくは措置に対する行政的指導、または法律による禁止、もしくは制限、③ラジオ、刊行物、輸出物件および通信の検閲、④建物、建築物などに関する秘密措置、⑤秘密保持のための法令および規程の立案およびその施行などであった。

積極的防諜とは「外国の諜報活動、もしくは謀略の企図、組織、またはその行為、もしくは措置を探知、防止、破壊」することであり、主として憲兵や警察などが行なった。その具体的内容には、不法無線の監視や電話の盗聴、物件の奪取、談話の盗聴、郵便物の開緘《かいかん》などがあった。（以上、林武、和田朋幸、大八木敦裕『研究ノート　陸海軍の防諜―その組織と教育』）

このように消極的防諜、積極的防諜の区分はできるが、両者に明確な境界線があるわけではない。要するに両者を緊密に結合させ、相手側からわずかの間隙を衝かれ、そこに巧妙な秘密戦が仕掛けられて、知らず知らずのうちにわが組織が不利に立たされ、崩壊に至らないよう、両者を緊密に結合させ、組織的かつ計画的に対応することが求められる。

防諜は防御的であって最も攻撃的

人は誰しも秘密があり、その情報をとられないように厳重に守ろうとするから、太古の昔から防諜機能は存在した。

我の秘密戦を防御するには、我の秘密を相手側に握られないようにするだけでは不十分である。相手側の秘密戦の意図を解明し、その行動を予測し、その行動を先んじて阻止することが必要となる。相手側はある種類の人間を間諜（スパイ）に使い、それをもってわが組織内への浸透を図り、内通者を獲得・運用しようとする。

よってわが組織は、不適格な志願者・接近者、忠誠が疑わしい不適格な内通者を検挙・排除することが防諜の基本となる。

旧軍では不適格者などを排除することを「検挙弾圧主義」と呼称した。この主義は要するに間諜行為者を検挙・逮捕して、国内法にもとづき処罰することである。

第二次世界大戦中、特別高等警察（特高）は軍機保護法や国防保安法にもとづき、リヒャルト・ゾルゲ（一八九五～一九四四年）と尾崎秀実《おざきほつみ》（一九〇一～四四年）の諜報網を根こそぎ洗い出し、ゾルゲと尾崎を死刑に処した。これは検挙弾圧主義による成果であった。

他方、間諜行為者を捕捉し、わが方の意志に従わせて行動させることを旧軍では「逆用主義」と言った。いわゆる反間《はんかん》の活用である。

検挙弾圧主義、逆用主義で重要なことは端緒《たんしょ》をつかむことである。これには民衆を活用した投書や密告などがあるが、防諜意識が低い一般人による投書や密告にはデマがつきものである。

だからといって、愛国心の発露から行なわれた、これらの行為を軽視すれば、防諜意識の向上は望めない。だから、このような自発行為を高く評価し、所要の指導や教育を施し、さらに確度の高い報告を行なわせることが肝要であるとされた。

わが組織の不審人物の通信連絡を傍受したり、外部から来る封書などを点検したりすることも、相手側の秘密戦の端緒を捉えて、その企図を解明し、不適格な内通者などを検挙・排除するため基本的に行なわれていた方法である。

ただし、相手側からの内通者などへの連絡・接触は厳重な警戒をもって行なわれるので、その探知は容易ではないことも事実である。

そこで、特殊な専門知識を有する防諜機関の要員（課者）や連絡員を秘密戦が予想される社会の各方面に配置し、防諜網を形成することが重要となる。

さらに相手側中枢部あるいはその付近に課報員を固定的に配置し、その近隣に連絡者を配置できれば有利となるが、相手側に逆用される危険があることを認識する必要性が強調された。

防諜がほかの秘密戦と明らかに異なるのは、唯一の消極的情報活動（ネガティィブ・インテリジェンス）に属することである。

消極的情報活動は、相手側の攻勢に対しては常に受動的である。もし相手側が秘密戦の攻勢手段である課報・謀略を仕掛けてこなければ、警戒心がゆるみ、わずかな変化にも気づかず、効果的な防諜ができない弱点がある。

そのために防諜意識を常に高く保持する工夫が必要とされる。

さらに消極的な対応に終始する限り、問題解決に至らないという弱点もある。だから防諜は受動的・防勢的な手段にとどまらず、相手側の秘密戦の意図や活動目標を能動的に究明し、これを破砕することが求められる。

つまり、秘密情報を秘匿し、諜報・謀略活動を防衛するという目的は防御的であるが、その行動は最も攻撃的なのである。相手が仕掛ける秘密戦から防護するには、諜報、宣伝、謀略の特性をよく理解し、自らも実施できるレベルを有していなければならない。防諜組織は秘密戦組織の中で最高位にランクされ、その組織員は最高レベルの知識・技能を保持しなければならないのである。

中野学校に関する誤解の背景

秘匿された中野学校の存在

後述する陸軍中野学校についてもここで概要を述べておく。

同校は一九三八年春、「後方勤務要員養成所」という名称で創設され、七月一七日より教育が始まった（98頁参照）。一九四五年八月の終戦時、疎開先の群馬県富岡町と静岡県磐田郡二俣町でその歴

史の幕を閉じた。（108頁参照）

当時、すべての陸軍管轄の学校は教育総監（陸軍大臣、参謀総長と並ぶ三長官の一人）が所掌《しょしょう》していたが、中野学校は陸軍大学校とともに教育総監部に最後まで所属しなかった数少ない学校の一つであった。

創設から終戦による閉鎖・廃校まで、わずか七年という極めて短期間の存在であったが、この間の卒業生は二千人以上に及び、世界のいたるところで秘密戦（情報勤務）や遊撃戦に従事した。

創設の目的は「交代しない駐在武官」を養成することで、海外長期勤務者の育成にあった。しかし、太平洋戦争の中で次第に戦時即応の強化に重点が移り、秘密戦に加え、外地での遊撃戦、さらには国内での遊撃戦を行なう各種訓練が開始された。

秘密戦士を養成する学校が世に存在するのを秘匿するため、創設当初の学校名は「後方勤務要員養成所」であったが、その名称は伏せられていた。このため、同養成所の施設となった愛国婦人会別館の入り口の看板は「陸軍省分室」であり、軍部以外の教官による教育は校外の随意の場所が選定されて行なわれた。

東京都中野区に移転（一九三九年）した以降も、学校の存在は秘匿され、看板は「陸軍省分室陸軍通信研究所」とされ、教官、職員、学生は身分を欺騙・秘匿するため、学校関係者全員、軍服ではなく背広を着用し、髪型も丸刈りではなく長髪とした。

一般軍隊では「百事、戦闘をもって基準とすべし」と定められているが、中野学校では「百事、秘密戦をもって基準とすべし」の鉄則にもとづき、秘密戦を基準として学校全体が動いていた。

「上意下達《じょういかたつ》」の一般軍隊とは異なり、秘密戦の特性上、単独での判断が必要となる場面が予測されるため、幅広い知識の付与と、新たな事態に応じた応用力の涵養《かんよう》を目的とした各種カリキュラムが組まれた。

また「謀略は誠なり」「功は語らず、語られず」「諜者は死せず」など、精神教育、人格教育も徹底され、アジア民族を欧米各国の植民地から解放する「民族解放」教育もなされた。

なお、中野学校という校名は一九三九年四月から四五年四月まで同校が所在した中野の地名に由来する。

映画『陸軍中野学校』の影響

中野学校が世間の注目を浴びるのは戦後になってからである。

そのきっかけの一つは、一九六六年から六八年にかけて公開された映画『陸軍中野学校』シリーズである。映画の中で中野学校の教育風景が描かれ、一期生・三好次郎少尉役を市川雷蔵、中野学校創設者の秋草俊《あきくさしゅん》（一八九四〜不明）中佐をモデルとする草薙《くさなぎ》中佐役を加藤大介が演じた（シリーズ第一作）。

一九六二年にイギリスの作家イアン・フレミングのスパイ小説を映画化した『007』シリーズの第一作目『007ドクター・ノオ』、翌六三年に第二作目『007ロシアより愛をこめて』が公開され、空前のスパイ映画ブームが起こり、映画『陸軍中野学校』も人気を博した。

映画『陸軍中野学校』では身分欺騙、金庫破り、殺人、誘拐などの〝秘密戦技術〟を教育している場面が随所に描かれるほか、主人公の三好が任務遂行のために、恋人を毒殺するシーンも描かれている。

草薙中佐をとおして語られる「誠の精神」、すなわち中野精神も強調されているが、やはり〝秘密戦技術〟の露出が多く、中野学校はスパイの特殊技能を教える秘密組織であり、秘密戦士は国家目的であれば非合法な手段も厭わないというイメージを広めた。

映画の中で、草薙中佐が「じゃあ、俺の中野学校で盗んでやろうか。英国の暗号コードブックを」と語る場面がある。中野学校生が訓練目的でこれに類する活動を行なったこともあるようだが、中野学校は諜報・謀略機関ではないので、このような事例は特殊なケースである。

しかしながら、こうした観客の関心を引く物語が、中野学校を諜報・謀略などの秘密戦の実行機関であるかのような誤解を広めたことも事実である。

映画が中野学校の実態をどこまで再現しているかについては大いに疑問がある。さらに中野学校が秘匿された存在であったので同校に隣接する陸軍憲兵学校の出身者が自分たちのことを、世間がいう中野出身者だと信じ込んで、映画撮影のアドバイザーになったという笑えない話もある。

なお、今日も中野学校をモチーフとした小説や映画はいくつかある。(※)その一つ、柳広司氏の『ジョーカー・ゲーム』(二〇〇八年)では、日米開戦前の世界を舞台に「D機関」というスパイ養成学校が登場する。同小説の映画版『ジョーカー・ゲーム』(二〇一五年、亀梨和也主演)は、「この映画は、旧日本軍内に秘密裏に設立された実在のスパイ養成組織『陸軍中野学校』をモデルにしている」という言葉で始まる。

これらは、エンターテインメントを重視したフィクションであるので、実在の中野学校とは異なる事実や解釈があっても差し支えないが、読者や鑑賞者には、それらの内容は事実として認識され、「中野学校」と「スパイ」が関連づけされる原因となっている。


(※)中野学校や中野出身者、あるいは中野学校を想定する機関・人物が登場する作品には、室積光『スパイ大作戦』(二〇〇六年)、柳広司『ジョーカー・ゲーム』(二〇〇八年)、百田尚樹『海賊と呼ばれた男』(二〇一二年)、福井晴敏『人類資金』(二〇一三年)、弘兼憲史『学生島耕作』(二〇一四年)などがある。

小野田少尉帰還からの誤解

映画以上に中野学校の存在を世に広めたのはフィリピン・ルバング島で戦後二九年間にわたり残置

課者となった小野田寛郎《おのだひろお》少尉の存在である。

小野田は一九七二年に目撃されたが、その後二年に及ぶ彼の救出劇は、投降を促すビラを小野田が謀略と判断するなど、尋常ではない警戒心によって難航した。七四年に救出され帰国するが、帰国の様子はテレビで大々的に報じられ、この年最大の話題となった。

その二年前にグアム島から帰国した横井正一軍曹はジャングルの洞穴に隠れていたところを発見され、帰国した空港内では車椅子で移動し、「恥ずかしながら帰ってきました」との第一声が世の同情を集めた。

しかし、横井と違い、長年のジャングル生活にもかかわらず、小野田の野武士のような風貌と鋭い眼光、隙のない敬礼所作、ピカピカに磨かれた軍刀は、かつての戦争の記憶を強烈に平和日本に呼び覚ました。

当時、日本は高度経済成長を遂げ、大阪万博の絶頂期から、ドルショック、オイルショックという政治経済の乱調期に入り、トイレットペーパーや洗剤の買い占めなど、欲望とエゴがむき出しとなった時代でもあった。

そうした社会情勢に浮かれた中で、秘密戦士としての任務を全うした小野田少尉に「武人」の姿を見た人々の間で〝小野田フィーバー〟が生まれた。その後、小野田の手記『わがルバン島の三〇年戦争』によって、その人気は増幅された。

なお、その後『幻想の英雄』を著した津田信は、同書で自分が小野田の手記のゴーストライターであった旨を明かし、同手記は小野田英雄説を作為した脚色本であることを連綿と述べている。帰国のテレビ報道や手記により、小野田の生存の戦いが、小野田自身への関心を飛び越えて中野学校に向かった。そして同校での教育の特殊性が強調され、誇張された。

小野田は中野学校二俣分校の一期生である。二俣分校もれっきとした中野学校ではあるが、ここでは後で触れるように、同校の創設目的とは異なる教育が行なわれた。しかも二俣分校での教育期間はわずか三か月にすぎず、遊撃戦士や残置諜者に必要な知識や技能のすべてが修得できるわけではない。

すなわち小野田は実戦を通じて残置諜者としての自らのスタイルを確立したのであって、「中野学校の教育成果」という短絡的な理解は誤りである。小野田が世間に与えた印象をもって同校そのものであるかのように認識する風潮は間違いなのである。

第2章　第一次大戦以降の秘密戦

中野学校は第一次世界大戦以後の総力戦という国際的潮流の中で、わが国が秘密戦で後れをとっているとの認識のもとで創設された。また、同校は秘密戦教育から遊撃戦教育へと転換し、多くの卒業生は戦時下の遊撃戦に従事した。

したがって、中野学校を題材として秘密戦としての現代的教訓を導くためには、まずは同校創設以前の秘密戦の歴史に着目しなければならない。

そこで、同大戦以後の世界情勢の進展の中で、日本がどのように世界とかかわり、いかに秘密戦体制を確立し、それが中野学校の創設にどういったかたちで結びついたのか、はたして同校の創設やそこでの秘密戦教育は、当時の秘密戦に関わる課題を改善するための十分な施策になり得たのかなど、同校を取り巻く周辺の分析こそが重要になってくるのである。

第一次世界大戦と総力戦への対応

総力戦思想の誕生と秘密戦

一九一四年六月に勃発した第一次世界大戦は、近代兵器の登場により戦場が拡大し、戦いは「戦場での兵士・軍事の戦い」から「非戦場を含む軍民一体の戦い」に変化した。人的資源や経済資源の動員が行なわれ、持久戦となり、総力戦となった。軍事の戦いから、経済戦、思想戦、文化戦の様相も呈し、戦争の裏面では国際外交戦、国内政治戦に加え、諜報・謀略などの秘密戦が活発に行なわれた。

大戦後、ドイツの将軍エーリヒ・ルーデンドルフは、一九三五年に『総力戦』を著し、今後生起すると予想される戦争では、戦争様相の激烈性、殲滅《せんめつ》性と戦争手段の大量性、機動性が招来すると予測した。

総力戦で戦場が拡大すると、はるか遠方の敵情を知るために情報とその連絡手段が重要になった。通信連絡の安全性を高めるために暗号が発達し、戦争の長期化に対応して、武器や補給品を生産する工場、人員や物資を輸送する鉄道輸送などが攻防の対象となり、これらに対する諜報活動が活発化した。

謀略を行なうために、工員などの非軍事要員へのスパイ活動も活発化し、軍隊内にとどまらず、国民全体への防諜意識が重要となった。また工場などでサボタージュなどを起こし、生産ラインを止める謀略も重視された。

国民の厭戦気運を醸成する宣伝（プロパガンダ）も発達した。このように、戦争が総力戦へと移行する中、その一機能としての秘密戦の重要性が増大していったのである。

不十分だった日本の秘密戦への対応

第一次世界大戦を経験した欧米各国は、国家として総力戦の研究を重視し、研究所の設立などを目指した。

しかし、研究所の組織、人事、研究方法を詰めていく過程で、各国の関係者は厚い壁にぶつかって苦労した。なぜなら、総力戦は社会のあらゆる領域の力を結集するもので、関係部署との調整は複雑多岐に及ぶからである。

ルーデンドルフの『総力戦』は、第一次世界大戦の特徴を周知させるものとして話題になり、日本でも一九三八（昭和一三）年に参謀本部が訳出した。

しかしながら、「統帥権が独立していたこともあって大正、昭和へと進むに伴って国家としての政戦略一致が阻害される傾向が強まり、軍と政府との関係が好ましくない方向へと進んだ。情報機構も分離していて国家としての統一性がなかった」（杉田一次『情報なき戦争指導―大本営情報参謀の回想』）

総力戦思想の軍全体への普及は必ずしも順調とはいえず、陸軍内の少数意見にとどまった。

総力戦の一機能である秘密戦についてその一例をあげよう。

一九一七年、日本の雑誌に「プロパガンダ」という言葉が現れたが、一九二四年の『陣中要務令』の宣伝に関する記述は非常に簡略なものであった。つまり第一次世界大戦において英国によるドイツへの宣伝戦が注目を集めたが、これらを詳細に研究した形跡はうかがえなかった。

第一次世界大戦後まもなくして、軍備縮小の世界的趨勢の中で、総力戦思想は陸軍内の一部に閉塞され、秘密戦を本格的に研究する状況は生まれなかったのである。

国際環境の複雑化と国内の混乱

複雑化する国際環境

一九二〇年代のワシントン体制の中で、日米関係は緊張化の一途を辿った。米国は日本海軍艦艇の保有数を制限し、一九二四年に排日移民法を制定した。このことが日本の対米感情を悪化させた。

ワシントン海軍軍縮会議では海軍軍縮条約(※)（一九二二年二月）のほか、重要な二つの条約が締結された。その一つの「四か国条約」（一九二一年一二月）により日英同盟は失効（一九二三年八月）した。もう一つの「九か国条約」（一九二二年二月）では、日本の中国での特殊地位は否認され、山東省での旧ドイツ権益を中国へ還付し、対華二一カ条以前の状態に戻すことになった。

米国は対日圧力を強化する一方で国際社会の先陣をきって一九二八年七月、中国に対する関税自主権回復の容認に踏み切り、蔣介石の南京政府をいち早く承認した。米国は中国大陸での利権の獲得を狙い、水面下で蔣介石と日本との対立を画策していたのである。

一方、日ソ関係のほうは、幣原喜重郎《しではらきじゅうろう》（一八七二〜一九五一年）外務大臣が主導する対ソ穏健外交によって安定期にあった。幣原は欧州諸国に追随してソ連との国交回復を目指し、一九二五年一月二〇日、日ソ基本条約を締結した。

しかし、第一次五か年計画（一九二八〜三二年）を開始し、大国化したソ連が一九二〇年代末から再び極東での南下政策をあらわにするようになった。

一九二九年七月から九月にかけて、ソ連は中東鉄道をめぐり中華民国との間で軍事衝突（中ソ紛争）を引き起こし、同年一一月に満洲里を占領した。

こうした中、日本が一九三一年の満洲事変により、満洲を支配下に置いたため、日ソは直《じか》に境界を接し、緊張関係を増幅していったのである。

欧州ではドイツが一九三三年一〇月に国際連盟を脱退し、三五年三月、ヴェルサイユ条約の軍事制限条項を破棄して再軍備を宣言し、三六年三月、非武装地帯のラインラントに陸軍を進駐させ、ドイツ復活の狼煙を上げた。

わが国では復活を果たしたドイツと軍事同盟を結ぶべしとの強硬論と、戦争に向かいつつある欧州とは関わりを持たないほうがよいとする慎重論に分かれた。

しかし次第にドイツ接近が顕著となり、一九三六年一一月、日本はドイツと防共協定を調印し、三国同盟への布石を築いた。


（※）「海軍軍縮条約」により主力艦保有は、英・米各五、日本三、フランス・イタリア各一・六七とし、今後一〇年間は老朽化しても代艦を建造しないことが約束された。

二・二六事件と軍部の影響力増大

一九三〇年代の初頭、世界恐慌の影響などでわが国は慢性的な不況状態にあり、企業倒産、失業者が続出した。多くの国民はその原因が政党政治の行き詰まりにあるとみていた。

こうした政党内閣への不満と、国内政軍関係の軋轢や軍内の殺伐とした空気が一九三〇年代の下克上のクーデターを生んだ。

一九三〇年、全権の加藤友三郎《かとうともさぶろう》（一八六一年〜一九二三年）海軍大臣が海軍軍令部の意向を排除して軍縮条約に調印したことが、天皇の統帥権を犯すものだとして、右翼や政友会は同内閣を攻撃した（統帥権干犯問題）。この問題を契機に海軍の青年将校から国家改造の気運が盛り上がった。

これが一九三二年五月の五・一五事件へと発展した。

一方陸軍では、橋本欣五郎《はしもときんごろう》（一八九〇〜一九五七年）中佐が右翼主義者の大川周明、清水行之助らと共謀し、内閣を打倒して、陸軍重鎮をトップに配置するクーデター未遂事件を起こした（三月事件、一〇月事件）。

一九三二年の二月から三月にかけて、右翼団体「血盟団」による連続暗殺事件（血盟団事件）に陸軍の皇道派が関与したとの風評から陸軍内では皇道派への風当たりが強くなった。

これが皇道派と統制派という軍内派閥対立へと発展し、一九三六（昭和一一）年二月二六日、皇道派の青年将校が武力による政治改革を目指し、政府や軍首脳の殺害を決行（二・二六事件）した。

同事件後、広田弘毅《ひろたこうき》（一八七八〜一九四八年）による組閣が行なわれ、陸軍大臣には寺内寿一《てらうちひさいち》（寺内正毅元総理の長男）が就任した。寺内は入閣を打診された際、一九一三年に山本権兵衛内閣で廃止された「軍部大臣現役武官制」(※)を復活させるよう迫った。こうして軍部のお墨付きがなければ組閣ができなくなった。一九三〇年の海軍軍縮条約での統帥権干犯問題への怨嗟が払拭され、政治への軍部の影響力が増大したのである。

二・二六事件後、陸軍の皇道派に属する重鎮は軒並み予備役に編入され、東條英機《とうじょうひでき》（一八八四〜一九四八年）率いる統制派が陸軍中枢を占めるようになっていった。陸軍の統制派は外務省の松岡洋右らと意を同じくして、ドイツ接近と英米対立に傾斜した。

日本全体としては派閥対立に明け暮れて、国際情勢を的確に判断する状況になかった。

（※）軍部大臣（陸軍大臣・海軍大臣）の就任資格を現役の大将・中将に限定する制度。一九〇〇年第二次山県有朋内閣の時に定められたが、一九一三年（大正二年）から予備役や後備役の将官にも就任資格があった。

共産主義の浸透

ソ連共産主義の輸出

第一次世界大戦が国民を戦争動員に駆り立てる「総力戦」となったため、欧州では労働者の権利拡張や国民の政治参加を求める声が高まった。

日本でもロシア革命（一九一七年）や米騒動（一九一八年）がきっかけとなり、社会運動が起きた。さらに大戦中の産業の急速な発展により労働者数が増加すると、労働争議の件数も急増し、労働組合も全国組織となった。

レーニンは共産主義一国だけでは世界中から包囲されて生き延びることはできないと考え、世界共産化を目指した。この司令塔として一九一九年三月、第三インターナショナル、すなわちコミンテルンを設立した。

コミンテルンは世界各地に支部を作る工作を始めた。こうして米国共産党（一九一九年）、中国共産党（二一年）、日本共産党（二二年）がコミンテルン支部として設立された。

コミンテルンは当初、欧州の共産化を目指したが、思うような成果が得られなかったので、革命輸出先をアジアに転換した。一九二一年には外蒙古に傀儡政権であるモンゴル人民共和国を設立することに成功した。次なる目標は中国、そして日本であった。

中国共産党は順調に党勢を拡大していき、コミンテルンは中国共産党と国民党との協力を画策し、一九二四年には第一次国共合作で合意した。以後、中国共産党は国民党内部に党員を浸透させることで党勢拡大を図る戦術に出た。

一九二四年一月のレーニンの死亡後、権力を握ったスターリンは共産主義の輸出を強化した。

日本共産党の活動

一九二二年七月、日本共産党が極秘裡に設立され、同年一一月にはコミンテルンに加盟し、「コミンテルン日本支部 日本共産党」となった。

これに対し、わが国は共産主義への取り締まりを強化し、すでに設置されていた特別高等警察（特高）のほか、主要府県警にも続々と特高を設置した。

一九二五年四月、国体（皇室）や私有財産制を否定する運動を取り締まる治安維持法を制定するなどの取り締り強化を図ったが、共産党は水面下で組織を拡大した。

当時は、合法および非合法の左翼出版物の洪水ともいうべき状況にあり、非合法出版物の専門店では無許可で暴力革命を扇動する書物が出版された。それほどマルキシズムは一世を風靡したのである。

内務省などの一部はこの情勢に気づき、共産主義者への大検挙を行ない、国民は共産主義革命の一端を知って驚愕した。

日本共産党の背後にはコミンテルンが存在したが、日本政府全体としては、コミンテルンへの脅威認識が不足していた。幣原外相の協調外交を維持することに執着し、コミンテルンがどのような世界侵略の野心を持っているかについての関心が薄かったと言わざるを得ない。

大局観を欠いた結果、一九三〇年代の支那事変の背後での中国共産党の組織拡大の実態を軽視し、蔣介石国民党との泥沼の戦争に突入する羽目になったのである。

対日スパイ活動の増大

満洲事変とこれに続くわが国の国連脱退以降、日本への外国人渡航者数や軍事関連施設の視察者が急増し、市中に徘徊する正体不明のスパイらしき人物の摘発が行なわれた。

そこで、特高と憲兵隊の組織を充実したほか、各省庁は連携して防諜態勢の強化を目指した。

陸軍省は軍内の機密保護観念の希薄さを問題視するとともに、二・二六事件の影響や共産主義の浸透防止を目的に一九三六年八月に陸軍省に兵務局を新設し、関係部署に防諜態勢の構築を促した。

一九三七年八月に軍機保護法が全面改訂され、同一〇月に新しい軍紀保護法を施行した。

一九三八年には国防科学研究会著『スパイを防止せよ！防諜の心得』（亜細亜出版社、インターネット公開）といった書籍が刊行された。同書には「近頃新聞紙やパンフレット等に防諜という言葉が屡々見受けられるようになってきたが……又一般流行語の様に一時的に人気のある言葉で過ぎ去るべきものであるか……」と記述され、防諜が一般用語として急速に普及したことがわかる。

一九三三年から、ソ連赤軍参謀本部の指揮下にあったゾルゲが来日し、当時の権力中枢近くにいた尾崎秀実を協力者として運用し、スパイ活動や影響化工作などを行なった。

当時、陸軍の中にコミンテルン分子がいるのではないかとの疑惑さえあった。

これに関して作家の保坂正康氏は、二・二六事件当時、日本にいた十三か国の駐在武官のうち「ある国の武官は『これは偽装された共産革命である』と報告した、と聞いたことがあるんです。なぜそれが気になるかというと、実は、首相官邸と朝日新聞社襲撃を担当した栗原安秀中尉が、決行一週間前にソ連大使館の人間とあっているとの噂があるからなんです」（『あの戦争になぜ負けたのか』）と述べている。

このように二・二六事件では軍内の風紀のみならず、わが国の防諜態勢の弱点をさらした可能性がある。

盧溝橋事件勃発と支那事変の泥沼化

盧溝橋事件の勃発

一九一二年に中華民国を樹立した孫文（一八六六〜一九二五年）は一八年五月、北洋軍閥を打倒する北伐《ほくばつ》を開始し、全国統一を目指すが、道半ばにして死去する。その後の北伐は蔣介石が引き継いだ。

一九二七年四月、蔣介石は共産主義勢力の弾圧、排除を行ない（上海クーデター）、事態を収拾させた一九二八年四月から北伐を再開した。北伐軍が北京に向かって進撃中の同年六月四日、北洋軍閥の一派である奉天派の首領・張作霖《ちょうさくりん》（一八七五〜一九二八年）が北京を撤退した時に爆殺された（張作霖爆殺事件）。

なお、同事件はこれまで陸軍の河本大作《こうもとだいさく》（一八八三〜一九五五年）大佐の計画・実行というのが定説であるが、今日ではソ連犯行説も出てきている。これに関しては、さらなる検証を待ちたい。

蔣介石は六月八日に北京を占領し、同月一五日、「（国民政府による）全国統一」の宣言を発した。父親の作霖のあとを継いだ張学良《ちょうがくりょう》（一九〇一〜二〇〇一年）が二八年一二月二九日に易幟《えきし》（帰順）したことをもって北伐は完了した。

一九三〇年一二月から蔣介石は中国共産党への全面攻勢を開始した。これを囲剿戦《いそうせん》という。これに対し、毛沢東は敵を深く誘い込む持久戦術でなんとか持ちこたえていた。そこに一九三一年九月に満洲事変が起こった。蔣介石は囲剿戦をいったん中止せざるを得なくなり、青息吐息であった共産党は窮地を脱した。その後も、国民党による攻勢が続く中、共産党は戦力を温存し、逃げ回る戦略・戦術(長征)で対応した。

蔣介石が共産党に手を焼いている中、「安内攘外」戦略をとり、日本と戦おうとしない国民党への不満が高まり、「国民党と共産党は団結して抗日戦にあたるべき(一致抗日)」との世論が形成された。これは、中国共産党の宣伝戦の成果でもあった。

一九三六年四月九日、東北軍の張学良は自ら飛行機で延安に向かい周恩来に直接会談し、両者は「内戦停止、一致抗日」で合意した。

張学良は共産党とともに日本軍と戦うよう具申したが、蔣介石は激怒してこの督促に応じなかった。

こうした中、一九三六年一二月一二日、張学良が西安で蔣介石を拉致監禁した。二週間後、蔣介石は周恩来の折衝によって「内戦停止、一致抗日」を条件に解放された(西安事件)。

張学良は張作霖爆殺事件(一九二八年)以降、日本を激しく敵視し、蔣介石の日本に対するあいまいな姿勢に立腹していたという。だとすれば、張学良と中国共産党の利害が一致したのであり、どちらが積極的であったかはわからないが、共産党にとっては願ってもないことであったろう。

一九三七年七月七日、北京郊外の盧溝橋付近で日中両国の衝突事件が起きた。いったんは現地で停戦協定が成立し、近衛内閣は不拡大方針を表明したが、軍部の圧力などにより兵力を増派したため戦線は拡大した。

今日、盧溝橋事件めぐって「国民革命軍第二九軍の偶発的発砲（秦邦彦氏の見解）」「日本軍による謀略説」「中国共産党による謀略説」などの諸説がある。

今となってはいずれが真実であったかを断定することは困難であるが、当時の中国共産党の立場からは、日本軍と国民党軍を互いに戦わせることで「漁夫の利」が得られる。まさに〝濡れ手に粟〟であったであろう。

こうした状況から、「中国共産党の指令を受けた劉少奇（のちの国家主席）が指揮する決死隊が盧溝橋事件を演出した」との「中国謀略説」にも一定の説得力がある。

支那事変の泥沼化

盧溝橋事件の連絡を受けた参謀本部第一部（作戦）部長の石原莞爾少将は「陸軍総動員兵力三〇個師団中、日本が中国作戦に使用し得る兵力は対ソ戦備上一五個師団（全兵力の半分）でなければならないが、その兵力では到底広大な中国大陸を制し得られない」旨を主張し、事変の不拡大を主張した。

しかし、参謀本部第一部、そして陸軍省の内部では対中政策をめぐって意見が分かれた。さらには、一九三七年八月、上海で暴動が起きた（第二次上海事変）ことから、日本は中国への兵力増派を決定した。一九三七年九月、国民党と共産党が抗日民族統一戦線を樹立する（第二次国共合作）。

かくして日本は陸続と大軍を投入し、首都南京を放棄して内陸に逃げる国民政府を追撃したが、国民政府は援蒋ルートを通じて米・英・ソからの補給を確保し、日本軍による重慶爆撃などに持ちこたえた。

多くの日本国民は、敵国の首都南京を攻め落としたのだから支那事変は早晩落ちると、大勝利を確信したが、それは遅滞行動により日本軍を大陸の奥深くに誘致導入する戦術であった。

日本軍は前線で退却する国民政府軍を目にして大勝利に浮かれ、洞察力を欠いたのである。一方、共産党軍は、毛沢東の指導により日本軍との軍事衝突を回避し、日本軍と国民政府軍が交戦するよう作為し、自己の勢力温存を図った。

やがてわが国の兵站線は伸びきってしまい、支那事変は泥沼化した。国内では巨額の軍事予算を捻出する必要性から、経済統制に踏み切り、軍需産業に資金を優先的に割り当てた。一九三八年四月、日本は国家総動員法(※)を制定した。

次章では、日本が大陸進出を強化させた第一次世界大戦後から太平洋戦争開始までの陸軍の「秘密戦」に関わる組織と活動について述べる。なお一九三八年七月の後方勤務要員養成所（中野学校の前身）創設以降の秘密戦活動については第7章で詳述する。

（※）政府（内閣）が必要だと判断すれば法律がなくてもあらゆる物資の統制運用と国民の徴用、労働条件の変更などを独断で決定して、国民を従わせることができるようになった。一九三九年七月には国民徴用令によって一般国民を軍需産業へと動員し、戦時体制を強化した。

第3章　陸軍の秘密戦活動

陸軍中央の組織

参謀本部第二部の全般体制

陸軍の秘密戦を指導する最高組織は明治以来ずっと参謀本部であった。

昭和初期には、参謀本部第二部が国防と戦争に必要な各国の軍事、国勢、外交などに関する諸情報を収集、処理するとともに兵要地誌の作成などを行なっていた。

一九二八（昭和三）年八月の組織改編を経て、参謀本部第二部は第四課と第五課の二個課編制になった。第四課の第一班が米国ほか、第二班がソ連ほか、第三班が欧州、第四班が課報・謀略などの狭義の秘密戦を担当することになった。第五課では、第六班が支那、第七班が地誌ほかを担当し、第五

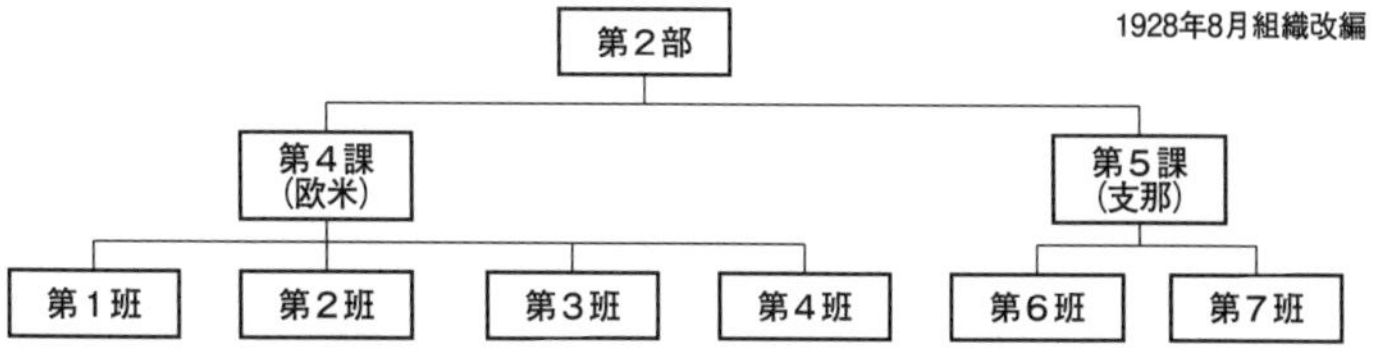

第１班（南北アメリカおよび米国の植民地）
第２班（ソ連、東欧、トルコ、イラン、アフガン、ルーマニア、ブルガリア、フィンランド、バルト３国、満洲）
第３班（欧州各国および英仏伊の植民地、タイ、英の自治領）
第４班（課報、謀略ほか）
第６班（支那、ただし満洲を除く）
第７班（兵用地誌、経済、資源の調査、陸地測量開係業務）

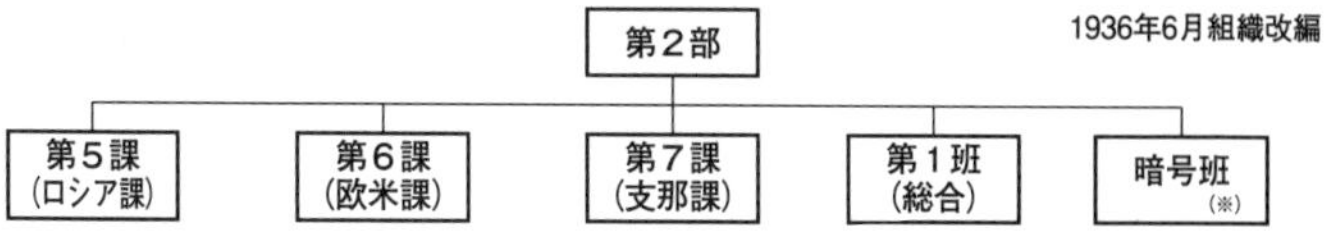

注：1937年11月大本営設置とともに第8課（謀略課）が設置

※暗号班：1930年（時期不詳）に第５課の担任業務に「暗号の解読及び国軍使用暗号の立案」が加えられ、同年7月5日から実施。1928年8月の組織改編では欠番であった第５班がその後、第４課の編成下を経て1931年2月末から6月末までの間に第5課に入り、第5課5班として暗号業務を実施。

参謀本部第２部の変遷

班は欠番であった。（有賀傳『日本陸海軍の情報機構とその活動』）

同組織改編で第四課（欧米課）が設置され、米国、ソ連ともに独立の班レベルに昇格したわけだが、一九一八年の「帝国国防方針」の仮想敵国の順位（ロシア、米国、支那の順）が一九二三年の同方針では米国、ロシア、支那の順位に変わったことに対応したとはいえず、中国を最重視したままの体制であった。

また、総力戦には必要不可欠とされた宣伝、謀略、暗号解読、その他の特殊機密情報を扱う機関は、参謀本部では課にすらなっていなかった。わずか数人の参謀将校が細々と第四班として存在を保持していたにすぎなかった。

ソ連が共産主義の輸出を強化し、国内の防諜態勢の引き締めを図ったので、わが国の対ソ課報は一九三〇年代半ばに行き詰った。

そのため、関東軍情報課の対ソ課報活動を強化するとともに（75頁参照）、中央組織を改編した。すなわち、一九三六年六月の組織改編では、単独の課（第五課）をもってソ連を担当することとした。つまり、第四課第二班が昇格して第五課となり、これがロシア課となった。

これに連動して、第四課（欧米課）が第六課に、第五課（支那課）が第七課になった。そして第一班と暗号班（一九三一年頃から第五課第五班として暗号業務を実施）が第二部長の直轄となり、第一班は情勢に関する総合判断を行なう体制になった。

陸軍省兵務局の設置

前述のように、共産主義運動の高まりと、二・二六事件で軍内の風紀や防諜体制の弱点を露呈したことから（54頁参照）、一九三六年三月、部内防諜を強化するため防諜委員が置かれ、長に参謀本部庶務課長、委員に佐尉官若干名が命じられた。

一九三六年八月、防諜委員が防諜委員会となり、陸軍省に兵務局（所属課は兵務課・防備課・馬政課）が新設された。これは、表面上は二・二六事件の後始末を行なうために設置されたが、軍紀・風紀の維持強化のほか防諜業務が任務として明記された。なお、当初の防諜任務は兵務課の業務とされた。

一九三九年一月、防備課が拡充されて防衛課となり、従来の防備課の任務に加え、兵務課で所掌していた「憲兵の本務に関する事項」「軍事警察および軍機の保護に関する事項」「防諜に関する事項」を引き継いだが、四〇年四月に防衛課は廃止され、その所掌は再び兵務課へ移管された。（『日本陸海軍の情報機構とその活動』）

第八課（謀略課）の新編

一九三七年一一月、大本営が設置され、その下に陸軍部および海軍部が併設され、参謀本部第二部は大本営陸軍部第二部となり、外国での諜報機関（特務機関）を臨時増設し、国内外での秘密戦を指導した。

また宣伝謀略を担当する課として第二部に第八課（通称、謀略課）が新設された。支那事変が拡大の兆しを見せたことから、早期解決を図るために参謀本部は同課を設置する必要性に迫られたのである。

第八課は、一九四一年に陸軍中野学校を所管するとともに太平洋戦争開始後の四二年には陸軍第九科学研究所（通称、登戸研究所）を指揮下に置いた。

第八課の設置以前は、参謀本部第二部の地域課が各国に駐在する公館の武官などから報告を受けて情勢を判断していたが、新設された第八課が国際情勢の判断、宣伝、謀略の三つの部門を扱うことになった。すなわち情勢判断と謀略の連携が強化されたのである。

初代の第八課長には「支那通」の影佐禎昭《かげささだあき》（一八九三〜一九四八年）砲兵大佐が支那課長からスライドして補せられた。第八課の主任として影佐を補佐したのが、中野学校の生みの親、岩畔豪雄《いわくろひでお》（一八九七〜一九七〇年、のちに少将）である。

影佐らは国民党のナンバー2の汪精衛（汪兆銘）を引きずり出し親日政権を樹立させることを目的とする「汪兆銘工作」に従事した。（200頁参照）

秘密戦関連組織

陸軍技術本部

通信情報以外の技術情報について言及すれば、陸軍大臣隷下の陸軍技術本部（のちの陸軍兵器行政本部）が陸軍兵器に関するものを、陸軍航空本部が航空兵器に関するものを取り扱った。海外には技術駐在官が派遣され、陸軍技術本部長または陸軍航空本部長に直属して諜報活動を行なった。

第一次世界大戦が総力戦となり、陸上戦では機関銃や戦車、海上戦では潜水艦、また航空機が登場し、さらにはドイツ軍による化学兵器（塩素ガス）の使用により、各国は科学技術を重視するようになった。日本もこの趨勢に乗り遅れないよう技術情報収集の充実が企図された。

第一次世界大戦にともなう兵器発達に対処するため、一九一九年四月、陸軍技術本部が設置され、隷下に陸軍技術研究所と陸軍科学研究所（前身は陸軍火薬研究所）を設置した。

一九二二年のワシントン海軍軍縮条約を機に兵器の質的向上が目指され、二三年、東京・目黒に海軍技術研究所が設立された。

一九二七年四月、陸軍科学研究所の中に「秘密戦資材研究所」（通称、篠田研究所）が設置され、篠田鐐《しのだりょう》大佐（一八九四〜一九七九年、工学博士）が特殊電波・特殊科学材料などの秘密戦に活用する資器材の研究・開発に従事した。

一九三七年一一月、同研究所の一部が神奈川県川崎市の登戸に移転し、「登戸実験場」と呼称するようになり、三九年八月、正式に出張所の設置が認められ、「陸軍科学研究所登戸出張所」となった。

一九四一年六月の改編で、「陸軍科学研究所令」が廃止され、陸軍技術本部に一本化された。これにより、本部に総務部、第一部、第二部、第三部を設置し、第一から第九までの研究所を設置したのである。

各研究所の所掌任務は概略以下のとおりである。

第一研究所：火砲、
第二研究所：観測・情報、気球、測量
第三研究所：器材
第四研究所：戦車・装甲車・牽引車、車両
第五研究所：通信器材、警備器材、電波兵器
第六研究所：化学兵器
第七研究所：物理兵器
第八研究所：爆薬
第九研究所：秘密戦兵器

太平洋戦争開始後の一九四二年六月、陸軍技術本部は、陸軍兵器本部、陸軍兵器補給廠と統合され、陸軍兵器行政本部となった。（木下健蔵『消された秘密戦研究所』ほか）

「陸軍第九技術研究所」（登戸研究所）

登戸研究所（別称、秘密戦研究所）の正式名称は、陸軍技術本部（陸軍兵器行政本部）第九研究所であった。同研究所は一九四二年以降、中野学校とともに宣伝・謀略を担当する課である参謀本部第

二部第八課（謀略課）の管轄となった。

登戸研究所は中野学校とも浅からぬ関係を有し、日本陸軍の秘密戦における重要な組織であった。

元登戸研究所所員の伴繁雄によれば、太平洋戦争中の登戸研究所は、所長の篠田鐐中将以下、第一科から第四科で編成されていた。

主要研究項目は、①科学的秘密通信法および発見法、②郵信検閲法、③変装法、④隠密・聴見器材、⑤逮捕および自衛用具、⑥訊問および防盗法、⑦軍用犬資材、⑧破壊謀略資材、⑨写真、⑩毒物鑑識、⑪科学鑑識法、⑫銃器鑑識法、⑬不法無線検知法、⑭特殊科学装備自動車となっていた。

登戸研究所の組織編制と所掌任務の概要は次のとおり。

●第一科

庶務班および第一～第四班で編成され、風船爆弾、宣伝用自動車、特殊無線機、ラジオゾンデ、怪力電波（殺人光線）、人工雷など

●第二科

庶務班および第一～第七班で編成され、科学的秘密通信法、防諜器材、謀略兵器、憲兵科学装備器材、遊撃兵器、毒物合成、ゑ号剤、毒物謀略兵器、耐水・耐風マッチ、対動物謀略兵器、諜者用カメラ、超縮写法、複写装置、対植物謀略兵器など

●第三科
南方班、中央班、北方班で編成され、用紙製造、分析、鑑識、印刷インキ、製版、印刷など
●第四科
第一科、第二科研究品の製造、補給、指導

（伴繁雄『陸軍登戸研究所の真実』）

登戸研究所でとくに有名なのが「ふ」号作戦で、風船爆弾を米本土まで到達させて爆発させるというものであった。実際、太平洋戦争中、約九千個の風船爆弾が放たれ、数百個は米本土に到着し、心理作戦としての効果はあった（スミソニアン航空宇宙博物館で風船爆弾の骨組みが展示されている）。

また動物に対する謀略も重視された。たとえば乳牛の飼育に支障がでれば、食生活に混乱を与え、ひいては戦争放棄に向かうという意図にもとづいていた。

一九三九年、陸軍省、参謀本部は対支那経済謀略実施計画を策定し、「蔣政権の法幣制度の崩壊を画策し、もってその国内経済を撹乱し、同政権の経済的抗戦力を壊滅する」ことを狙った。そのため内閣印刷局、凸版印刷株式会社、巴川製紙の協力を得て登戸研究所が偽札を製造し、上海に本部を置く「松機関」が流通させることとした。これは「杉工作」と呼ばれた。（204頁参照）

関東軍防疫給水部本部（第七三一部隊）

陸軍が生物兵器の研究を本格的に開始したのは一九三〇年代初頭、陸軍軍医学校であったとされる。

陸軍軍医学校は一八八六（明治一九）年に開設されたが、二三年九月の関東大震災で本館建物が崩壊する甚大な被害を受け、二九年三月、牛込区戸山町に移転した。

同校の防疫部では、軍隊のための予防接種やワクチンの研究・製造をしていたが、一九三二年八月、防疫部の下に、防疫給水部員の教育と濾水機の研究開発を目的に掲げた石井四郎ら軍医五人が属する防疫研究室（別名、三研）が開設された。

一九三三年九月、石井は防疫研究室の主幹となり、同時に防疫研究室も新築された。国内では動物実験しかできなかったため、満洲の背陰河に細菌戦用の実験室を建設した。同実験室は「東郷部隊」と呼ばれ、部隊員は仮名を使用していたといわれている。

一九三六年一一月、防疫研究室はハルビンに本拠を移し、「関東軍防疫部」として正式に陸軍内に位置づけられた。

同年八月には、関東軍軍馬防疫廠（通称、満洲百部隊）が長春に設置され、軍用動物の衛生管理・研究などを行なった。

一九四〇年八月、関東軍防疫部は平房へ移転し、「関東軍防疫給水部」に改称され、秘匿名は石井の出身地名から「加茂部隊」と呼ばれ、四一年八月、「満洲第七三一部隊」に改称された。

満洲第七三一部隊と登戸研究所の関係は、前掲書『陸軍登戸研究所の真実』によれば以下のとおりである。

「登戸研究所では、篠田所長の発意で昭和十五年から動物、主として牛、馬、豚、家禽類を対象とした生物謀略兵器研究室が建設された。当初、陸軍軍医学校からチフス、ペスト菌などをもらって研究していたが、戦争末期には、対人用生物兵器は石井機関で、また、対動物用生物兵器を登戸研究所が担当となった。

はじめは小規模な実験場で、基礎研究と実験が行われていた。研究実験したのは、対人細菌兵器（七三一部隊が研究開発したもの。チフス菌、コレラ菌、ペスト菌など）、対動物謀略兵器（牛疫、豚コレラ、羊痘、家禽ペスト）であった」

対外秘密戦の運用体制

昭和初期以降の参謀本部第二部の対外秘密戦は、主として四つの機能を運用して行なわれた。

●大（公）使館付武官

大（公）使館付武官は平時での諜報機関の核心である。第一次世界大戦以降、陸軍は大（公）使館付武官の駐在先を拡大した。同大戦以前の主な駐在先は、英国、ドイツ、フランス、オーストリア、イタリア、米国、ロシア、清国（一九一二年から支那）、朝鮮（一八九七年から韓国）であった。しかし、同大戦後はソ連および米国を取り巻く中小国にも駐在先を拡大していった。

●外国駐箚《ちゅうさつ》武官

一般的には、航空および技術関係事項に関し、航空本部または技術本部から直接派遣された武官を指す。これら武官は派遣国や近隣国で兵器技術や航空技術の交流や情報収集などのために派遣される。派遣国内での業務については大（公）使館付武官から統制を受けた。

また、特定事情のために公館の置かれていない地域または国交のない国に派遣される武官、そのほか語学や特別の学問研究のための留学将校なども外国駐箚武官の範疇に含まれる。当時、英国植民地であったインドには大使館がなかったので「印度駐箚武官」が派遣された。

●諜報の目的をもって派遣された武官

目的を秘匿して派遣、あるいは武官の身分を隠して、一般外交官、新聞通信員、商社員として派遣される者を指す。中野学校初期の卒業生で海外に派遣された者はこの部類に属した。十数年、もしくは生涯を通じて外国の任地にとどまるために派遣された武官なども多くはこれに該当した。

●辺境部隊および外国駐箚部隊

辺境部隊とは、直接外国と国境する地域や、それに準じる地域に派遣される部隊で、台湾軍、朝鮮軍がこれに該当した。

外国駐箚部隊とは、満洲事変以前での支那駐屯軍や関東軍などである。これらの部隊は参謀本部の命を受け、独自の情報勤務にあたった。そのため、所要に応じて特務機関を要地に派遣し、諜報員を直接使用した。（『諜報宣伝勤務指針』）

極東方面での対ソ秘密戦活動

特務機関の設置

特務機関が初めて設置されたのは、第一次世界戦争のさなかのシベリア出兵時である。

当時、ロシア革命政権は、単独でドイツと条約（ブレスト＝リトフスク条約）を結んで戦争から離脱した。そこでドイツは東部戦線の兵力を西部戦線に振り向けた。これに慌てた英仏両国は、ドイツを東部戦線に膠着させることを狙ったが、西部戦線で手いっぱいだったため、シベリアに地理的に近く欧州大戦に陸軍主力を派遣していない日米に出兵を打診した。

一九一八年八月、寺内正毅《てらうちまさたけ》（一八五二〜一九一九年）内閣はこの要請に応じ、日米共同というかたちでシベリア・北満洲への派兵を決定した（シベリア出兵）。

陸軍はシベリア出兵以後、特務機関を設置して対ソ諜報活動を組織化した。この頃、日本は反ロシア革命派のオムスク政府を支援していたので、陸軍は特務機関の中心をオムスクに置き、チタにいた武藤信義《むとうのぶよし》（一八六八〜一九三三年）少将以下四人の将校を同地に派遣した(※)。

一九一九年二月、武藤少将に代わって高柳保太郎《たかやなぎやすたろう》（一八七〇〜一九五一年）少将が、沢田茂《さわだしげる》（一八七〜一九八〇年、のちの参謀次長）大尉の随行でオムスクに赴任し、オムスク特務機関が編成された。

シベリア出兵からまもなくしてウラジオストク、ハバロフスク、ハルビン、チタ、イルクーツク、オムスクの七か所に特務機関を設置し、これらを関東軍の指揮下に置いた。なかでも石坂善次郎《ぜんじろう》（一八七一〜一九四九年）少将が率いるハルビン特務機関（石坂は一九一九年二月〜二一年三月まで特務機関長）が中心的な役割を担った。

一九二二年一〇月末のシベリア撤兵までに特務機関は逐次縮小するが、ハルビン、満洲里、綏芬《すいふん》河《が》、黒河（一九二五年三月閉鎖）に特務機関を残置し、対ソ諜報にあたるとともに一部の力を対支那諜報に用いた。

一九二八年には張作霖爆殺事件が起こるなど、北支那や満洲の情勢が混沌化していたので特務機関の主要関心事項はますます対支那に移っていた。

（※）同時に海軍は、オムスク政府代表のコルチャックと関係のあった海軍軍令部第三班（情報担当）班長の田中幸太郎少将に、のちの総理大臣・米内光政《よないみつまさ》少佐（一八八〇～一九四八年）を同行させ、オムスクに派遣して陸軍に協力させた。

満洲事変後に関東軍の情報体制を強化

一九一九年四月、日露戦争後に設置した関東都督府《ととくふ》を関東庁に改組、同時に関東都督府陸軍部を、台湾軍、朝鮮軍、支那駐屯軍と同列の関東軍として独立させた。

関東軍司令部（旅順）には、関東軍第二課（情報課）を設置し、全関東軍の情報統制と少数の密偵を運用して満洲方面の地形偵察などを行なった。

しかし、十分な諜報能力はなく、しかも張作霖などの軍閥は対日政策をあらわにしていたので、情報関心は主として北支那（現在の華北）に向けられ、要員は支那（中国）関係者をもって充てていた。

そのため、諜報は南満洲鉄道株式会社調査部（満鉄調査部、一九〇七年設立）に依存する傾向にあった。

ところが、満鉄調査部の主たる任務は満洲や北支の政治、経済、地誌などの基礎的調査・研究であったので対ソ課報については不十分であった。

さらに一九二〇年代の幣原穏健外交でソ連に対する警戒心がゆるみ、日本陸軍の課報能力は低下していたが、満洲事変以後はソ連軍との衝突を想定して関東軍第二課の強化を逐次図った。

一九三二年の満洲国建国にともない、関東軍司令部は新京（現在の長春）に移った。同年、黒河特務機関を再開し、ハイラル特務機関を新設、翌三三年には琿春、密山、三四年に富錦にそれぞれ特務機関を新設した。これらは、琿春を除き関東軍に直属し、業務はハルビン特務機関長が統制した。

一九三六年六月に参謀本部第五課（ロシア課）の新設にともない、関東軍第二課もソ連専門家をもって充てることとした。

対ソ諜報の行き詰まりとその打開

ソ連が共産主義の輸出を強化し、国内の防諜態勢の引き締めを図ったので、日本の対ソ諜報は一九三〇年代半ばに行き詰まった。（94頁参照）

他方で一九三五年頃から満洲国全般の治安はおおむね回復し、奉天を除く全満の特務機関は本来の対ソ業務に専念することになった。

一九三五年春、対ソ課報の打開策のため、ハルビン特務機関長の安藤鱗三少将（一九三四年八月～

三七年八月まで就任）は白系露人(※)事務局を設置した。同年秋、文書諜報班の設置と哈特諜（ハルビン機関特別諜報の略称）の活動を開始した。

文書諜報班は小野打《おのうち》寛《ひろし》大尉の尽力で設置され、「プラウダ」などの中央機関紙のほか、地方紙、軍事専門誌などを収集して情報分析した。当初は小規模であったが、一九四一年頃には日本軍将校以下三七人、白系露人五二人の計八九人に達した。（『日本陸海軍の情報機構とその活動』）

また同組織は無線電話の傍受も行ない、これらは音秘《ねひ》・音情《ねじょう》と呼ばれた。（小谷賢『日本軍のインテリジェンス』）

また、一九三六年から三七年にかけて特殊移民（白系ロシア人）地の造設、威力謀略の含みを持つ森林警察隊制度を確立した。（『日本陸海軍の情報機構とその活動』）

科学諜報では、一九二八年にハルビンのソ連領事館から、中国官憲を利用してソ連の暗号用乱数表を数冊入手した。これがソ連暗号解読の大きな鍵となったとされる。

一九三四年、関東軍参謀部第二課（情報）に関東軍特殊情報機関が設置され、ソ連暗号の解読を組織的に行なった。同機関は新京でソ連軍の軍事暗号を解読する任務を開始した。三五年頃には赤軍用四数字暗号を解読するなどの成果を上げた。

このほか満鉄調査部を使ってソ連の平文通信を傍受して、シベリア鉄道の状況などを探った。一九四一年六月の独ソ戦開始後の状況については樺太陸軍通信所が暗号解読した。

人的諜報（ヒューミント）については、一九三〇年代半ばから、ソ連は国境警備と防諜体制を強化したので、一般の日本人がソ連へ入国すること、同国で間諜を使用して諜報活動を行なうことが困難になった。

そこで、山本敏少佐（のちの光機関長、中野学校長）が、ソ連本国および東京、その他海外のソ連外交官ないし派遣員などからハバロフスクに送られる無線通信の情報を横流しさせた。この情報を「哈特諜（ハルビン特別情報）」と呼んだ。

一九三六年一一月、山本敏少佐が駐ハルビンのソ連総領事館の電信員を買収して行なったこの活動は終戦まで続けられた。終戦近くになると、参謀本部は南方情報を北のハルビンから報告される「哈特諜」に頼るようになった。

ただし「哈特諜」は日本軍の情報分析を誤らせるためのソ連の謀略情報（偽情報）の可能性が高かったため、生情報がそのまま報告されることは極めて危険な状態であったともいう。（『日本軍のインテリジェンス』）

このほか、多くの将校を合法的にソ連邦やその隣国に入国させる努力がなされた。つまり、ソ連国内に合法駐在員を増派し、在ソ日本領事館には情報将校を配置した。

さらにソ連隣接国に公館を開設し、公使館付武官を配置した。満洲事変以後は、ソ連隣接国のエストニア、リトアニア、ラトヴィア、イラン、フィンランドなどの各国公使館付武官にソ連通の将校を任命したほか、できるだけ多数の駐在員を派遣し、武官にソ連国内旅行を命じた。

また、外交伝書使（クリエル、以下クーリエと呼称）制度(※※)が一九三三年から三七年頃にかけて制度化され、参謀本部第五課にクーリエ専門の将校を三人増員して、シベリア鉄道沿線の変化などを偵察した。

ソ連駐在の日本公館（公使館・領事館）に連絡する日本外務省や満洲国外交部のクーリエ、日本からソ連を経由して欧州に派遣するクーリエの役割が増大した。（197頁参照）

（※）ロシア革命後、これに反対して国外に亡命したロシア人を白系ロシア人といった。

（※※）クーリエ制度は、神田正種大尉（のち中将）が大正末に、クーリエの役を果たしたのが始まりとされる。外交官特権により、クーリエの公用旅券による携行荷物は税関がノーチェックとなる。重要な文書は外国に出張する外交官が直接携行することを名目に、諜報任務も付与することは世界各国の常識であった。

中国大陸での対支那秘密戦活動

満洲事変以前の対支那秘密戦活動

支那での秘密戦の中核は中国公使館付武官（一九三五年以降は大使館）、そして中国の主要都市に配置された駐在武官が担った。

これらには「支那通」と呼ばれる中国専門家が就き、個々の地域軍閥と密接な連携を保持した諜報活動を展開した。

中国への陸軍の駐留は一九〇〇年六月の北清事変を契機として同一〇月に清国駐屯隊を設置して在留邦人の保護にあたったことから始まる。

一九〇一年五月、北京議定書に基づき清国駐屯軍（天津駐屯軍）を設置した。なお、清国駐屯軍は一九一二年の清国滅亡により支那駐屯軍に改称された。

陸軍による中国大陸では暗号の傍受と解読は比較的早くから開始されていた。

張作霖爆殺事件が起きた一九二八年の時点で、陸軍はすでに張学良配下が使用する暗号を解読していた。

支那駐屯軍隷下の各軍（北支那方面軍：北京、第一一軍：漢口、第一三軍：上海、第二一軍：広東）に情報担当地域と情報任務を付与した。派遣軍総司令部に特殊情報部を設置し、暗号解読を実施した。

満洲事変の際には参謀本部が工藤勝彦大尉を関東軍に派遣し、現地で通信傍受活動を行なわせた。この時の通信傍受情報が満洲事変以後の蔣介石との停戦協定に利用された。

当時の中国軍の暗号は「暗碼《あんま》」と呼ばれる基本的には四ケタの数字からなる保全強度の弱いものであった。そのうえ国民政府軍は防諜意識が低いので、日本軍は通信諜報により蔣介石傍系軍の編成や

行動を把握していた。(※)

(※)通信諜報はより強化され、蔣介石率いる国民政府軍の暗号解読は一九三六年までに可能となった。蔣介石と米英仏ソに駐在する大使との電信などを傍受して米英の意図を把握した。しかしながら、中国共産党の暗号はソ連仕込みであり、また防諜意識も高く頻繁に暗号を変更したので、日本軍が成果を上げることは容易ではなかった。(『日本軍のインテリジェンス』)

満洲事変による開戦謀略

「関東軍は参謀の石原莞爾《いしはらかんじ》(一八八九〜一九四九年)を中心として、一九三一年九月一八日、奉天(瀋陽)郊外の柳条湖で南満洲鉄道の線路を爆破し(柳条湖事件)、これを中国軍のしわざとして軍事行動を開始して満洲事変が始まった」(山川出版・高校教科書『詳説日本史B』)

共産党は満洲事変が絶好の時間稼ぎとなり、一九三一年一一月に江西省瑞金で中華ソヴィエト共和国の設立を宣言して毛沢東を首席に選出した。ここでは国家保衛局を設立して情報戦や遊撃戦の態勢を整えた。

ところで、満洲事変は関東軍参謀の石原が周到な準備にもとづく計画謀略であったというのが定説である。

歴史学者の大江志乃夫は自著『日本の参謀本部』で、「満洲事変は張作霖爆殺事件での開戦謀略の失敗を教訓に行われた謀略であった」との見解に立つ。

大江によれば、陸軍の中堅幕僚層は同爆殺事件で以下の四つの教訓を学んだと論じる。

①開戦謀略として機能しない軍事謀略は無意味である。

②現地での謀略にただちに軍中央が呼応する事前の準備が必要である。

③開戦謀略である以上は軍の断固たる決意のもとに政府をも同調させなければならない。

④開戦とともに戦争遂行に有効な国内体制を確立しなければならない。

さらに大江は「河本に対する厳罰を処さなかったことを幸いに、開戦謀略は関東軍を中心に参謀本部、陸軍省、朝鮮軍の中堅幕僚の横断的結合によってすすめられた」旨を主張している。

圧倒的に劣勢であった関東軍戦力でたちまち満洲全土を制圧したのだから、これを単体としてみれば「戦わずして勝つ」を信条とする謀略の成功であったといえよう。

しかしながら、より高所に立てば、その後に日本軍が泥沼の支那事変に向かったきっかけとなったのだから、満洲事変の謀略が成功といえるかどうかは疑わしい。

土肥原、板垣の謀略工作

満洲事変以後、上海などにも事変が飛び火し（第一次上海事変）するなど、中国大陸での秘密戦活動は重要になった。

一九三二年になると関東軍は満洲の主要地域をほぼ占領し、三月には清朝最後の皇帝溥儀に、執政として満洲国の建国を宣言させた。

一九三三年二月、関東軍は、満洲国の領域であるとみなす熱河《ねっか》省への進出する作戦を開始した。現地軍の攻撃は長城線《ちょうじょうせん》を越えていったんは河北省まで拡大したが、三三年五月末に蔣介石との間に軍事停戦協定（塘沽《タンクー》協定）が成立した。

日本軍は長城線まで退き、同時に国民政府軍も後方に撤退し、両勢力の間隙となった冀東《キトー》地区は非武装地帯となった。それは事実上、国民政府が満洲国の存在を認めることを意味したのである。

陸軍は蔣介石国民党とこのような戦いを行なう中で秘密戦を併用して戦った。中国大陸での秘密戦は、地道な諜報によって相手側の意図、計画、能力を明らかにする諜報よりも、和解工作をはじめとする政治謀略、経済謀略に力点が置かれた。なお、この点は地道な諜報を重視した対ソ秘密戦との大きな相違である。

満洲国内での反日運動の高まり、満洲国建設のための労働力不足、満洲国経済の不振などから、関東軍ではさらなる権益拡大を求める声が日増しに高まった。

そこで一九三五年頃から、支那駐屯軍主導による、中国の河北五省（河北省・察哈爾省・綏遠省・山西省・山東省）など華北一帯を分離独立し、日本が実質的に支配する政治的な工作（華北分離工作）が行なわれた。

この華北分離工作では、土肥原賢二（一八八三〜一九四九年）、板垣征四郎の両名の活動が注目される。

一九一二（大正元）年、陸大卒業と同時に、土肥原は参謀本部支那課付大尉として坂西利八郎《ばんざいりはちろう》率いる坂西機関で対中国工作を開始した。その後、坂西機関長補佐官、天津特務機関長などを歴任し、三一年夏に奉天特務機関長（少将）に就任し、同九月の満洲事変では奉天臨時市長となる。

同一一月、陸軍憲兵大尉時代に甘粕事件を起こしたことで有名な甘粕正彦を使って清朝最後の皇帝溥儀を隠棲先の天津から脱出させた。

満洲事変以後、土肥原は閻錫山、韓後渠、宋哲元などの地方軍閥を蔣介石中央政府から切り離す工作を手がけた。

土肥原は華北分離工作を支援し、一九三五年六月、「土肥原・秦徳純協定」を締結し、河北省での冀東防共自治政府成立に貢献した。

土肥原の謀略スタイルは、奉天特務機関時代の部下であった今井武夫（一八九八〜一九八二年）によれば、中国の一地区に馬賊や密偵を使って騒擾を起こさせる→中国軍が鎮圧に出て行く→騒ぎは大きくなり在留日本人の擁護として日本軍が出ていく、という状況の作為であった。（土肥原賢二刊行会『秘録土肥原賢二』）

一九三八（昭和一三）年六月の五相会議では土肥原機関が設立された。

土肥原の謀略は成果が大きいことから、土肥原は「満洲のローレンス」と畏怖されたが、他方で「謀略は誠なり」を信条として、真心をもって中国人に接した。多くの中国人から愛されたが、他国での謀略ゆえ、土肥原を激しく憎悪する者もいた。

一方、石原莞爾とともに関東軍参謀として満洲事変を起こした板垣は、一九三二年一月に上海で起きた騒擾事件（第一次上海事変）に関与したとされる。

上海の日本公使館付武官であった田中隆吉少佐は、板垣大佐から二万円の工作資金を与えられ、男装の麗人として知られる川島芳子を使って中国人の無頼漢を買収して、彼らに日本人僧侶を襲撃させたと東京裁判で証言した。その狙いは満洲に集中している列国の関心を逸らすことであったという。

板垣は一九三三年二月の熱河作戦では天津特務機関長（少将）として関与した。

当時、陸軍省軍務局に勤務していた鈴木貞一《すずきていいち》（一八八八〜一九八九年）によれば、板垣は参謀本部第二部長の永田鉄山と鈴木のところを訪れ、「熱河討伐は兵隊を使わないでも謀略工作でやるから、北支那の謀略に金を出してくれといってきた」と述べた。鈴木は永田の要求に応じて、軍事作戦の一環としてならば許可する旨応じて資金を都合したようである。（『秘録土肥原賢二』）

この頃の会話の中では謀略という言葉がしばしば出てくるが、現地での対立を惹起させ、わが方の傀儡政権を樹立するといった意味で、この言葉は使用していたようである。

失敗したトラウトマン工作

支那事変勃発後の一九三七年一〇月一日、近衛内閣は蔣介石側に提示する「和平の条件」を策定した。同年一一月二日、それをディルクセン駐日独大使に伝えた。一一月六日、ディルクセンから「和平条件」を知らされたトラウトマン駐華独大使は日本の条件案を蔣介石に説明した。

当初、蔣介石はこの和平提案を拒絶したが、日本軍が南京に迫りつつある危機的状況に、中国の領土保全を日本側が約束するなら、和平を受け入れる用意があると回答した。トラウトマンはすぐにディルクセンに伝え、日本政府の判断を待った（トラウトマン工作）。

南京陥落後の一九三七年一二月二一日、日本政府は上海（第二次上海事変）および南京（第二次上海事変）で軍事的な勝利を収める過程で多数の日本兵が死んだことを理由に「一〇月に策定したような和平条件では軍や国民が納得しない」として、賠償金の要求や日本軍部隊の駐留範囲の拡大など条件をつり上げた。

だが、この和平条件に蔣介石は応じなかった。そこで近衛文麿総理は、一九三八年一月一六日、「今後はもう国民政府を対手《あいて》とは見なさない」という声明（第一次近衛声明）を発表して、蔣との交渉を打ち切った。これによりトラウトマン工作は失敗し、支那事変の終結が遠のいた。

トラウトマン工作は石原莞爾の発案であり、多田駿参謀次長も「このチャンスを逃せば、長期戦になる」として交渉継続を求めた。

しかし、当時の近衛総理、広田弘毅外相、杉山元陸相のほか、今日では戦争反対派とされる米内光政海相を含め、閣僚は誰一人としてトラウトマン工作の継続に賛成しなかった。

ここには、支那事変の継続の是非を合理的かつ客観的に判断した形跡はみられない。すなわち、組織のメンツ、陸海軍内部や国民からの反発への恐れ、政治家としての自己保身などが垣間見られるのである。

次章では、中野学校の発足の経緯、発展の歴史、学生の特徴について、主として『陸軍中野学校』校史をもとに明らかにする。とくに陸軍省兵務局や参謀本部第五課（ロシア課）の有志によって中野学校が発足した経緯は重要である。

第4章　中野学校と学生

中野学校の沿革

防諜機関「警務連絡班」が発足

一九三一年九月の満洲事変以降、日本は対ソ国防圏の前線を満ソ国境に推進させたので、対ソ戦略重視の軍事力整備が要求された。

国内的には、総力戦思想が普及し、国家総動員の整備や防諜体制の強化が要請されるにともない、建軍以来の作戦第一主義であった陸軍も情報への関心が次第に高まっていた。

まずは防諜への関心である。当時、秘密戦の一分野である防諜については、一八九九年に公布・施行された「軍機保護法」があったが、これは現状に適さないものになっていた。このため「軍機保護法を改正すべし」との意見が軍内に起こった。

日中関係が緊迫化する一九三六年八月、陸軍内の防諜を強化するために防諜委員会が設置され、陸軍省に兵務局が新設された。(62頁参照)

岩畔豪雄中佐は、同年二月に生起した二・二六事件の後始末で、新設された兵務課課員として異動し、「軍機保護法」の改正案に着手した。なお同改正法は一九三七年三月に議会を通過した。

一九三六年九月、兵務局防備課(のちの防衛課)が中心となり、秘密戦の研究を開始した。

当時の兵務局長は阿南惟幾《あなみこれちか》(一八八七〜一九四五年、終戦時の陸軍大臣)少将、兵務課長は田《た》中新一《なかしんいち》(一八九三〜一九七六年、太平洋戦争開戦時の参謀本部第一部長)大佐であった。

田中大佐は、ハルビン特務機関から参謀本部第五課(ロシア課)に転属した秋草俊中佐、福本亀《ふくもとかめ》治《じ》、憲兵中佐、曽田嶺一《そだれいいち》憲兵大尉に、科学的防諜機関を設立するための研究を命じた。

一九三七年春、「警務連絡班」という防諜専門機関が設置され、当初は兵務局の執務室にしばらく間借りしていたが、やがて牛込若松町の陸軍軍医学校の敷地奥に庁舎が新設され、秘匿名を「山」と称するようになった。(岩井忠熊『陸軍・秘密情報機関の男』)

初代班長は秋草で、共産党問題研究者として省部その他で高く評価されていた福本がこれを補佐する十数人の組織であった。

同班の任務は、国際電信電話の秘密点検、外国公館その他の信書点検や電話の盗聴、私設秘密無線局の探知などの防諜業務が主であったが、あわせて情報収集にあたった。

この防諜組織の存在は省内でも一部の関係者以外には極秘とされた。

なお、警務連絡班は一九四〇年八月に陸軍大臣直轄の極秘機関である「軍事資料部」となった。

(193頁参照)

岩畔中佐の意見書「諜報・謀略の科学化」

警務連絡班が始動してまもなく、さらに防諜機能を高めるため、敵国への積極的な諜報・謀略活動を行なう機関の新設気運が高まった。

しかし、当時の日本陸軍の考え方は「謀略は人によって行なう」というもので、科学性、合理性に欠けていた。

そこで防諜機関設立の立役者となった岩畔、秋草、福本らを中心に諜報・謀略要員を養成する機関の設立に向けて、新たな取り組みが始まった。

一九三七年秋、岩畔中佐は参謀本部に対し「諜報・謀略の科学化」という意見書を提出した。これにより、諜報・謀略専門機関の設立準備が始動した。

ここで岩畔豪雄の経歴について紹介する。

岩畔は満洲事変の翌一九三二年八月に満洲に赴任した。ここでの関東軍司令官は本庄繁に代わって武藤信義大将、同参謀長はかつて整備局長として岩畔の上司であった小磯国昭《こいそくにあき》（一八八〇～一九五〇年、東條の後任の総理大臣）であった。

一九三二年二月、溥儀が満洲国建国を宣言し、同年六月にリットン調査団が満洲国の調査を終え、同年九月、日本による満洲国の正式承認と国連によるリットン報告が発表された。

一九三三年一月から熱河省への進出準備が始動され、三三年五月末に日中軍事停戦協定によって満洲国の建国を終えた。

さらに一九三五年から支那駐屯軍による華北分離工作が始動した。（82頁参照）

こうした満洲国をめぐる激動史の中で岩畔は関東軍の経済参謀として、満洲国の国家組織の整備と産業の育成に携わった。

日本の満洲統治には、欧米流の簒奪《さんだつ》とは異なる、アジアの解放と現地五族による「理想国家」の建設という壮大な理念があった。また、謀略によって生み出された満洲国を理想国家に建設するという目標を推進する中、岩畔は謀略は国家レベルで行なう必要性を肌で感じとったとみられる。

経済論や科学的根拠にもとづいて戦略を策定し、戦略にもとづいて組織を運営する岩畔スタイルは、満洲での実務経験から培われたものであった。

一九三六年の二・二六事件が岩畔に転機を与えた。岩畔は陸軍省に復帰し、兵務局課員として同事件首謀者の裁判にも関与した。

兵務局は防諜態勢を強化するための陸軍省の内部部局であり、憲兵隊を統括する立場から、防諜のための国内外にわたる情報の収集・分析を任務とした。

岩畔は兵務局内で外国大使館の盗聴や郵便物の点検などの研究に携わった。あわせて防諜機関である警務連絡班の新設や登戸研究所の設立に深く関わった。

一九三七年一一月、大本営の設置とともに第八課（謀略課）が新設されると、ここに異動した。

岩畔は「謀略専門家」として名を馳せるが、太平洋戦争前の一九四一年の日米民間交渉の陸軍省代表として参加。支那事変では中国大陸で影佐貞明の和解工作を補佐し、のちに岩畔機関を率いてインド工作に従事した。（214頁参照）

後方勤務要員養成所長、秋草俊

岩畔と並ぶ中野学校創設の功労者が後方勤務要員養成所の初代所長の秋草俊である。

秋草は、陸軍依託学生として東京外語大学ロシア語科に学び、ハルビンに留学して特務機関に勤め、一九三三年三月、ハルビン特務機関長補佐官となった。そして、三七年に参謀本部第五課（ロシア課）のロシア語班長兼ねて文書課報班長に転じた。秋草は対ソ秘密戦の諜報・謀略の第一線に立っていた経歴を持つ。（88頁参照）

一九三七年春、兵務局の田中新一兵務課長に科学的防諜機関の設立を命じられた秋草は警務連絡班の班長となる。

一九三七年一二月、陸軍省軍務局の田中新一軍事課長（一九三七年三月に兵務課長から軍事課長に転出）が秋草、福本、岩畔を招き、近代戦では相手国からの秘密戦に対処する消極的防衛態勢だけでは勝つことができず、進んで相手国に対する課報、宣伝、防課などの勤務者を養成する機関を早急に建設する必要があるとして新組織の設立を検討するよう命じた。

秋草ら三人は新組織の設立委員となり、一九三八年春に後方勤務要員養成所が開設され、同年七月に一期生一九人の入校を迎えることになった。（１０３頁参照）

後方勤務要員養成所の初代所長には秋草が就任した。訓育主任として満洲鉄道守備部隊から伊藤佐《さ》又《また》少佐が参加した。

よく秋草を中野学校の校長として記した文献があるが、その前身の所長が秋草の正式な肩書である。

一九四〇年、中野学校離職後の秋草は、満洲国の外交官としてドイツに渡り、「星機関」を設立してその機関長となる。その後、満洲に渡り、一九四五年二月、関東軍情報部の部長となったのち終戦を迎え、逃亡を勧める部下の進言を断り、ソ連軍に投降し、連行されてウラジーミル監獄で死去したとされるが、詳細はわからない。

秋草は一期生から二期生（乙Ｉ長期・短期）の途中まで後方勤務要員養成所の所長を務め、その思想は創成期の学生に大きな影響を与えた。

中野学校の国体学の教官であった吉原政巳は、秋草について次のように述べている。

「陸士出身でありながら、ほとんど一般軍務に就くこともなく、一杯のコーヒーで十分に酔い、学生や部下に、深く温く、つきない教訓を全心身で示してくれた、この創業の人の魂は、われわれが決して忘れることが出来ず、そして幾多卒業戦没英霊と共に、われわれの間だけでも、必ず顕彰し継承してゆかねばならない人なのである」（『中野教育――一教官の回想』）と述べている。

養成所創設に向けた思惑の相違

太平洋戦争開始後に積極進取策をとり、慎重派の武藤章大佐と対立した田中新一大佐は、阿南少将のもとで秘密戦士のための新組織設立の検討を命じた。推測になるが、作戦将校の典型である田中大佐は謀略重視型の秘密戦士の育成を想定していたのではなかろうか。

他方、岩畔中佐は長期的視野で、情報を多角的な視野から分析・判断できる情報の専門家を養成しようとしていた。

陸軍士官学校卒業生から選抜した者を中野学校で教育しようという意見が多い中、岩畔は、「軍人精神一点張りで教育された者では情報を正しく評価することはできない」と言って、すでに一般社会で働いている者から中途採用で入校させることを主張したという。

岩畔は「情報を的確に判定する能力こそスパイとしてもっとも大事な能力である」（橋本恵『諜略』）と説いた。

幼年期から軍人として育てられた陸士出身者では補えない危機対処能力、形式に捉われない柔軟な発想力を持った幹部候補生出身者の強みを秘密戦に活かすことが企図されたのである。

中野学校創設に最も強い思いを持っていた秋草は、一九三三年三月からハルビン特務機関補佐官として満州で勤務した。

当時、在ソ日本領事館に配置していた武官はソ連官憲のマークで行動が制約されていた。シベリア出兵後の特務機関方式と中国大陸で行なってきた伝統的な対人情報活動は一九三四年に完全に行き詰まった。

一方、ソ連の国家情報機関は共産イデオロギーの輸出や諜報・謀略など活発な秘密戦を展開していた。ソ満洲国境ではソ連の軍事力が増強され、関東軍による満洲国の防衛が困難になりつつあった。

そこで参謀本部では一九三六年六月、第五課（ロシア課）を新編して、宣伝および諜報活動を強化した。

一九三六年八月、ハルビンから帰国した秋草は参謀本部付となり、その後、新設された陸軍省兵務局付となり、三七年春に警務連絡班の班長になった。

その年の七月、支那事変が勃発し、欧州では復活したドイツが領土拡大の野心に燃えていた。すでに日独伊防共協定は締結され、日本と英米との関係は悪化した。

生来の情報将校である秋草は、ソ連の防諜態勢の壁に阻まれた経験から、「国際情勢を的確に判断するためには情報が重要であるが、戦争が始まれば満洲で体験したように通常の武官活動が制約される。そのためには各国に諜報拠点を設置し、隠密諜報を行なうほかにない」と考えた。

後方勤務要員養成所の開所にあたり、秋草は「本所は替わらざる駐在武官を養成する場であり、諸子はその替わらざる武官として外地に土着し、骨を埋めることだ」と一期生に訓示した。すなわち、国際関係が変動しても諜報活動を続けられる「替わらざる武官」になることを希求したのである。

中野学校創設に反対した支那課

一九四〇年八月、中野学校は陸軍大臣直轄の学校となり、名称も後方勤務要員養成所から「陸軍中野学校」に変更される。

元来、秘密戦勤務（情報勤務）は参謀本部が担当していたため、陸軍大臣直轄の学校になるのは異例であった。これは中野学校の創設に対して参謀本部の関心が低く予算措置を講じなかったため、陸軍省軍事課の肝煎りで、各課の予算を少しずつ削って中野学校の費用として計上したことに理由があるという。（畠山清行、保阪正康『秘録陸軍中野学校』）

後方勤務要員養成所時代、陸軍省兵務局長の今村均《いまむらひとし》少将（一八八六～一九六八年）と一期生の会食

が行なわれたり、東條英機陸軍次官の校内巡視など、中野学校の発展を期待する向きもあったが、作戦や秘密戦を担当する参謀本部全体としては中野学校の創設と秘密戦士の育成にあまり乗り気ではなかった。

参謀本部第五課（ロシア課）だけは、共産主義イデオロギーの輸出や諜報・謀略を展開するソ連の国家情報機関の恐ろしさを認識していたので、秘密戦士の育成に積極的であった。

それ以外の第六課（欧米課）、第七課（支那課）は「それができれば、駐在武官の必要性がなくなって困る」と考え、強硬に創設反対を唱えた者もいたようである。（『秘録陸軍中野学校』ほか）

このため、予算も乏しく、当初は愛国婦人会の建物の一部を借りて、寺子屋式で出発せざるを得なかった。

中野学校二期生の原田統吉によれば、中野学校の最大の反対勢力は第七課（支那課）であったという。

また2乙出身（陸士第五二期）で戦後、陸上自衛隊に入隊した桑原嶽（陸将補）は、自著『風濤一軍人の軌跡』で『陸軍中野学校マル秘』(※)から、以下の記事を引用している。

「しかしながら、情報勤務要員の養成に関しては参謀本部方面はほとんど消極的にして、なかんずく支那課、欧米課方面には強硬なる反対論者があり、そのためロシア課方面の協力により養成所の開設準備が進められた。後方勤務要員養成所の開設位置に関しては種々の関係上、適当な場所がなく、やむなく九段下の愛国婦人会本部に折衝し、本部建物内の集会所を、期限付きで借用することとし、陸軍省分室として教育講堂ならびに要員候補者の宿泊場として設備することができたのである」

太平洋戦争が始まり、中野出身者が中国での作戦部隊に続々と配属され、特務活動に従事するようになると、支那課による反対論は解消された。

もし太平洋戦争が始まらず、中野出身者が秋草の言う「替わらざる武官」として秘密戦に関与したとすれば、反対論は陸軍内でずっとくすぶり続けたかもしれない。

（※）一九八五年八月、市ヶ谷台クラブで桑原は中野学校について講演した。この際、「陸軍中野学校マル秘」と題する私文書を使用した。桑原によれば、この私文書は一九五六年頃に元中野学校幹事福本亀治と同教官鈴木勇雄の口述を誰かが筆記し、タイプ印刷して関係者に配布したものだという。

中野学校の発展の歴史

中野学校の四つの期

中野学校は所属、所在地、教育目的などによって、「創設期」「前期」「中期」「後期」の四つに区分される。（『陸軍中野学校』校史）

以下、順に概要を述べる。

創設期（一九三八年春～四〇年八月）

創設期は後方勤務要員養成所期とも呼ばれる。

一九三八年春に創設され、七月一七日、東京・九段下牛ヶ淵の「愛国婦人会」本部内の集会場を使用し、甲種幹部候補生・予備士官出身の第一期生一九人（卒業生は一八人）に対する教育が開始された。

秋草中佐（一九三九年三月に大佐昇任）が所長、福本中佐が同養成所の幹事に就任し、狭隘な集会所が教室兼宿舎となり、学生が一同に起居する私塾的な体裁がとられた。

学生は「陸軍省兵務局付」として入校し、秘密戦の教育が開始された。翌三九年四月、旧電信隊跡地の中野区囲町に移転した。

欧州では、ドイツによるポーランド侵攻を契機に第二次世界大戦（一九三九年九月）が勃発し、国際情勢は激流の渦に飲み込まれようとする中、一九三九年八月、第一期生一八人が卒業した。

同年一二月、第一期生と同じ出身母体の第二期の乙I長四〇人と、現役少尉を含む第一期の乙I短七〇人、これに加えて陸軍教導学校で教育総監賞などを受賞した優秀な下士官候補生から選抜された丙1の五二人が入所した。

ここでの長期の学生とは一期生と同様に海外での長期勤務を想定した要員であり、一期生と同じく入校時に別名（偽名）が与えられた。

短期学生（乙Ⅰ短）は国内外にある情報機関での勤務を想定した学生である。乙Ⅰ長と乙Ⅰ短や丙学生との相互往来は禁じられ、彼らの居住場所は塀や壁で仕切られていた。

前期（一九四〇年八月～四一年一〇月）

一九四〇年六月、ドイツはフランスを制圧、同七月に英国本土に対する大空襲を行なった。日本はドイツ攻勢を奇貨《きか》として、一九四〇年六月、陸軍による北部仏印への進駐を敢行。同年九月、松岡外相らの強力な後押しで日独伊三国同盟を締結した。

日本は支那事変の和平解決を断念し、英米との対決を日増しに強めていく中、一九四〇年八月、「陸軍中野学校令」が制定され、後方勤務要員養成所は陸軍大臣直轄の学校として、名称も「陸軍中野学校」に変更された。施設や教育内容が急速に整備され、当初の私塾的な体裁から変わっていった。

中野学校の正式設立には上田昌雄大佐が尽力した。上田は一九四〇年四月、ポーランド大使館付武官から帰国して、陸軍省兵務局付となり、軍事課長の岩畔大佐（一九三九年三月、大佐昇任）の助力を得て、中野学校の設立準備を行なった。

秘密戦要員教育の基本的態度は次のようなものであった。

一、組織力の重視　従来の単独勤務養成とは異なり、あくまで組織の一人であることが所要であること

一、高度な科学技術の重視

一、各要員の持つ専門的知識と資格を十分に活用する

一、人間養成

（『陸軍中野学校』校史）

一九四〇年八月、北島卓美少将が初代校長に就任した。上田大佐は幹事として校長を補佐し、秘密戦を体系化して教育課程の立案にあたった。

「秘密戦を課報、宣伝、防諜、謀略と定義することとし、防諜については従来の軍機保護法的な考え方から進んで敵の課報、謀略企図を探知することは固《もと》より、敵の企図を逆用する所謂《いわゆる》反間謀略業務を重視することとした。占領地行政は秘密戦ではないが、特に陸軍省の要請があったので教育課程に加えた」（『陸軍中野学校』校史）

一九四〇年八月に制定された陸軍中野学校令にもとづき、甲種学生（陸士出身者）が乙種学生、乙

種学生が丙種学生（幹部候補生出身）、丙種学生（教導隊出身）が戊《ぼ》種学生に新編成された。ただし、その種別が適用されたのは、四一年九月に入校した3丙と3戊（教導隊）からであった。

一九四〇年九月、1甲が入校した。甲学生とは陸軍士官学校卒業者であり、秘密戦への転向を命じられた初めての学生である。中期の乙種学生のモデルケースであった。

同年一〇月、乙Ⅰ長・短および丙1が卒業し、同年一二月には乙Ⅱ長・短、丙2（下士官）の学生が入校した。

同年一一月、1甲が卒業し、翌四一年二月に2甲が入校した。甲学生の教育期間は三か月という短期間であった。

一九四一年春、北島少将が東部軍（東日本を管轄）参謀長として転任したため、同年六月、陸軍省兵務局長の田中隆吉少将が形式的に二代目校長を兼務し、同年一〇月にロシア駐在武官や参謀本部ロシア課長の経歴を有する川俣雄人《かわまたたけと》少将が校長として赴任した。

校内の組織体制が整備され、学校本部、教育部のほかに校内居住の学生を指導する学生部なども発足、次いで高度な秘密戦の研究に任ずる研究部（一九四一年二月頃に発足）が設けられた。同時に秘密戦に関わる教育内容の整備・充実が図られた。

研究部部長は鈴木勇雄中佐が就任し、そのほか武官、文官数人が部員となった。部員は教育部の教官も兼務した。発足当時は秘密戦の研究と共産匪《ひ》、占領地行政の研究で、文書的な研究が主であっ

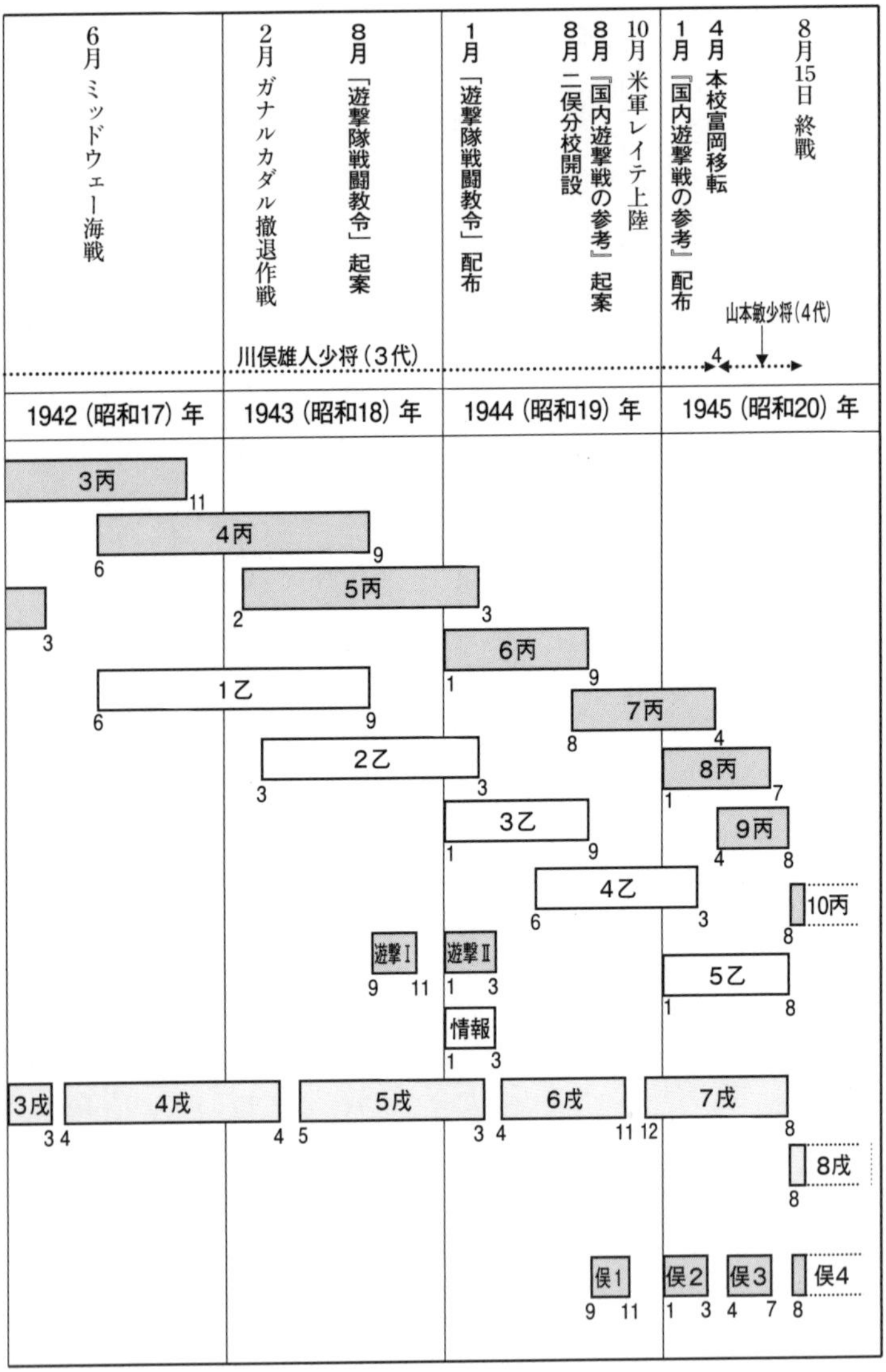
6月 ミッドウェー海戦
2月 ガナルカダル撤退作戦
8月「遊撃隊戦闘教令」起案
1月「遊撃隊戦闘教令」配布
8月 二俣分校開設
8月『国内遊撃戦の参考』起案
10月 米軍レイテ上陸
1月『国内遊撃戦の参考』配布
4月 本校富岡移転
8月15日 終戦
川俣雄人少将（3代）
山本敏少将（4代）
1942（昭和17）年
1943（昭和18）年
1944（昭和19）年
1945（昭和20）年
3丙
4丙
5丙
6丙
7丙
8丙
9丙
10丙
1乙
2乙
3乙
4乙
5乙
遊撃Ⅰ
遊撃Ⅱ
情報
3戊
4戊
5戊
6戊
7戊
8戊
俣1
俣2
俣3
俣4

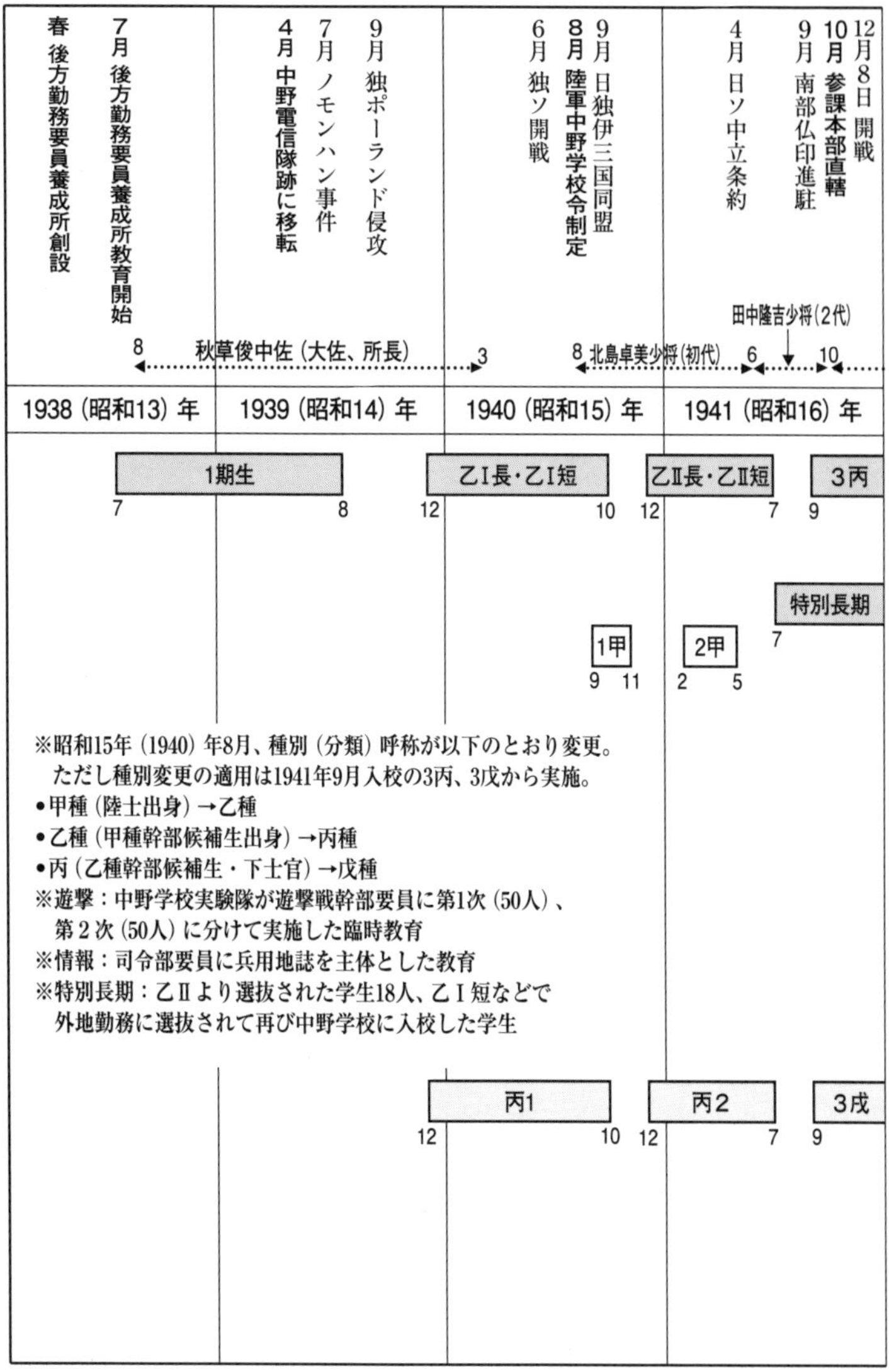

中野学校変遷図(『陸軍中野学校』校史をもとに作成)

た。

実験隊は一九四一年四月に編成され、関東軍ハイラル支部長の小松原遡男中佐が実験隊長として赴任した。その豊富な体験から研究課目は対ソ諜報工作の諜報員の派遣方法、敵地内の潜行法が重視された。陸軍研究所などで試作した秘密戦資材の委託実験も行なわれた。

秘密戦の研究は、主として学生教育の教材を作る目的をもって実施され、秘密戦の戦略ならびに戦術的事項の研究は主として研究部、戦技的事項の研究は主として実験隊が担任した。

一九四一年七月、前年一二月に入校した乙Ⅱ長・短、丙2の学生が卒業した。

前期学生に属する彼らには、創設期の教育課目に占領地行政、宣伝業務が加味された。英米決戦を間近にして、学生は教育期間を切り上げて卒業した。一期生は一三か月、乙Ⅰ長・短および丙1は一〇か月であったのに対し、乙Ⅱ長・短、丙2はわずか七か月の教育期間しか与えられなかった。

同年九月、3丙、3戊《ぼ》の学生が入校した。3丙は従来の乙種学生（幹部候補生）であり、3戊は丙種学生（教導隊・下士官）のことである。これは前述したように、陸軍中野学校令にもとづき、種別が変更されたことによる。

校門には「陸軍通信研究所」の小さい看板がかけられ、部内では参謀本部「軍事調査部」「東部第三十三部隊」とされた(※)。

学生の通信の発送はすべて陸軍省兵務局防衛課の名称が使用された。

（※）戦後、2乙の桑原嶽は「名刺やその他のものも全部参謀本部軍事調査部で通したわけです。ですから、われわれ同期生にあっても、参謀本部軍事調査部に行っていると言っていました」と講演で語っている。

中期（一九四一年一〇月～四五年四月）

一九四一年一〇月、中野学校は参謀本部直轄となり、参謀本部第八課（課長は武田功大佐）が所掌した。

この頃、日本は第三次近衛内閣による日米和解交渉に失敗し、一九四一年七月末、南部仏印に進駐。これに対し米国は「ＡＢＣＤ包囲網」を形成して対日石油禁輸を行なった。同年九月、東條内閣が誕生し、刻一刻と米英との対立が深刻化した。

一九四一年一一月、川俣校長の命令で中野学校研究部はパレンバン油田の攻略についての研究を行なった。その研究成果が四二年二月のパレンバン空挺作戦の成功へとつながった。（215頁参照）

同年一一月二六日、米国から手交されたハル・ノートを最後通牒と受け止めた日本は、同年一二月から真珠湾攻撃、北部マレー半島上陸、フィリピン島航空撃滅戦を開始した。

翌四二年一月から、ビルマ、アンダマン諸島、ポートモレスビーなどを攻略し、同年三月、蘭印軍の降伏によって日本軍の南方作戦はほぼ完了した。

しかし、一九四二年六月のミッドウェー海戦と、同年八月以降のガダルカナル島の戦いで、日本は攻勢から守勢に転換し、陸軍参謀本部は遊撃戦（ゲリラ戦）の展開に踏み切った。

これにともない、長期勤務する秘密戦士を養成することを目的として創設された中野学校は遊撃戦士の教育へと軸足を移した。

一九四三年八月、陸軍参謀本部は中野学校に「遊撃隊戦闘教令（案）」の起案と遊撃隊幹部要員の教育を命じた。本教令は四四年一月に作成配布された。

一九四三年九月末、日本は千島、小笠原、内南洋（中・西部太平洋諸島）、西部ニューギニア、スンダ、ビルマを含む圏内（絶対国防圏）に戦力を集中することで本土を防衛しようとした。

一九四四年に入り、英印軍に対するインパール作戦などの南方作戦は次々と蹉跌し、ビルマ方面の日本軍は壊滅状態となった。同年六月からは成都を基地とする米空軍Ｂ29による北九州への爆撃（八幡空襲）が始まった。四四年一〇月、レイテ海戦で敗北し、同年一一月にサイパン島が占領され、サイパン基地からのＢ29により本土空襲が開始された。

こうした中、一九四四年八月、静岡県磐田郡に遊撃戦幹部を養成する二俣分校が開設された。第一期生二二六人が陸軍予備士官学校を卒業するなどして尉官学生（見習士官）として九月に入校、約三か月の教育が行なわれた。この中に小野田寛郎がいた。

二俣分校の開設と前後して、陸軍参謀本部は国土決戦に備えるため、中野学校に教範『国内遊撃戦の参考』の起案を命じた。一九四五年一月に『国内遊撃戦の参考』および別冊『偵察法、潜行法、連絡法、偽騙法、破壊法の参考』が配布された。

教育内容は、残置諜者教育、通信科目、遊撃戦などが重視されるなど、創設期および前期に比して教育内容はかなり変更された。学生数も増加して、精神要素の教育が重視された。

この期に属する学生は、4から9までの丙種学生と4から6までの戊種学生、それに1から4までの陸士出身の乙種学生がいる。

このほか遊撃（Ⅰ・Ⅱ）、情報（司令部情報要員）、特別長期、二俣分校の一期および二期が中期の学生に該当する。

なお二俣は一期、二期と名称するが、乙・丙・戊種については「期」と呼ばない。

後期（一九四五年四月〜四五年八月）

一九四五年二月、米軍が硫黄島に上陸。同三月下旬の慶良間諸島への米軍上陸から沖縄戦が開始された。

こうした中、一九四五年二月、国内の各軍司令官に対し本土防衛任務が付与された。同年四月、本土への空襲の激化にともない、中野学校（本校）は群馬県富岡町に疎開し、同地での秘密戦士と遊撃戦士の養成が行なわれた。

この期に属する学生は、8から10までの丙種学生、7から8までの戊種学生、5乙学生、二俣分校の三期から四期の学生である。
後期では、遊撃戦教育とその研究に最重点がおかれた。それも外地作戦軍内での遊撃戦にとどまらず、最悪の場合の本土決戦に備えて、部隊行動を主体とする遊撃戦については各所在部隊および民間人を主体としたゲリラ戦に関する担当の要請があり、これに基づき「泉」工作が生まれた。一般に泉班(泉部隊)と呼ばれた。(※)
基幹要員は丙種(6~8)と二俣一期で編成された。要員は出身県に帰りゲリラ戦を行なうため、特に出身県別に集められ、一九四五年四月から六月までの準備期間を経て六月から八月まで教育された。
一九四五年八月、敗戦によって富岡町の中野学校本校と二俣分校は幕を閉じた。

(※)この意味は完全に地下に潜り、身分、行動を秘匿し、個人または少数の者が全国至る所に地下より泉のように湧き出て尽きないゲリラ活動を行なうということから付けられたようであった。(『陸軍中野学校』校史)

中野学校の学生

入校生の選抜要領

中野学校の基幹となった丙種学生（一期生、乙I、乙II含む）の選抜要領は以下のとおりである。

（1）陸軍省より予備士官学校に対し、水面下で秘密戦勤務に適任と思われる学生の推薦を依頼する。

（2）予備士官学校においては中隊長がそれとなく適任と思われる学生を選び、本人の意志を尊重して、相当数の学生を選出して報告する。中野学校職員が説明に行ったこともある。

（3）中野学校において右報告書に基づいて書類選考し、受験させる者を決定し、予備士官学校に通知する。

（4）右の受験者に対し、陸軍省、参謀本部、中野学校職員からなる選考委員がそれぞれの予備士官学校（最初は九段偕行社、二期は東京、大阪の偕行社、千葉歩兵学校）に出張して、一人当り一時間の口頭試問を行い、かつ身体検査をする。

この頃においても受験者は未だ漠然と勤務の内容を推量する程度である。なお本勤務に従事する意志のない者は勿論採用しない。また入校を強制することは絶対にしない。

（5）各地における選考の結果を綜合して採用者を概定し、これに対し憲兵をして家庭調査をさせる。その結果に基づいて採用予定者を決める。

（6）右の採用予定者を中野学校以外の東京のある場所に召集して、再度本人の意志を確かめ、更に身体検査をして採用を決定した。

なお戊種学生は各地教導学校中の最も優秀な者を試験し、採用した。中には教育総監賞を授与された者も相当数あった。（『陸軍中野学校』校史より）

一期生の証言によれば、入試に際して、一〇人ほどの参謀肩章をつけた少佐、中佐、大佐ら上級将校が「共産党について学んだことはあるか？」「日本の国体をどう考えるか？　ソ連と比較してどうだ？　またアメリカとは？」「女は好きか？　遠慮なく答えろ」「生と死について考えたことがあるか？　いますぐここで腹が切れるか？」「映画は好きか？　洋画と日本映画とどっちがいいか？」「特技は何か？　武道の段位は？」などの質問を矢継ぎ早にしたようである。（日下部一郎『決定版 陸軍中野学校実録』ほか）

むろん、これらの奇抜な質問で合否を決めたのではなく、口頭試験の対応で、受験生の特性を把握したのである。また奇抜な質問をすることで、中野学校の特殊性を認識させる狙いもあったのであろう。

こうして選ばれた後方勤務要員養成所に入所した一九人は高等専門学校または大学卒業程度であり、「これらの要員は性格上からいっても、能力上からいっても、申し分のない秘密要員の適格者ばかりである」と岩畔は戦後に回顧している。

岩畔は戦後になって、当時の状況を次のように語った。

「ぼくなんか最初の試験官にどうしても出なければならなくなり行きましたが、志願者が六〇〇名ぐらいありましたね。その中で六〇〇名に対して筆記試験で六〇名ぐらいにして、それで二〇名に絞ったわけです。それから口頭試問をやったわけですが、僕も試験官で、そのとき自分の出した問題を覚えています。『前に非常な美人がいる、お前、後ろから行ってこの人に声をかけるのにはどうするか』、こういう問題を出すのだね」（岩畔豪雄『昭和陸軍謀略秘史』）

試験は初審、再審の二つに別れ、初審は軍事知識などの筆記試験、最審は口頭試問に分かれていた。

岩畔の発言からも一期生は選りすぐりの秀英であったことがうかがえる。

入校学生は主として五種類に分類

一九三八年七月、後方勤務要員養成所に入所（入校）した一期生は、民間大学などの高学歴の甲種幹部候補生出身将校から採用するとした。これは、秘密戦士には世の中の幅広い知識が必要であるとの配慮による。

二期生からは下士官養成も開始し、陸軍教導学校での教育総監賞受賞者や現役の優秀な下士官学生（乙種幹部候補生出身）を採用した。

一九四〇年八月制定の「陸軍中野学校令」により中野学校が正規の軍制学校になってからは、陸軍士官学校出身将校も採用し（甲種学生、同年九月入校）、戦時情報および遊撃戦の指導者として養成した。やはり、開戦の可能性が高まったことで、戦時の秘密戦に対応するために軍事に長じた陸軍士官学校卒業生をもって秘密戦にあたらせる必要性が認識されたのであろう。

「陸軍中野学校令」では、入校学生は甲種学生、乙種学生、丙種学生、丁種学生、戊種学生に分類、従前の甲種学生（陸士出身）は乙種学生に、乙種学生（予備士出身）は丙種学生、丙種学生（下士官候補者）が戊種学生と種別が変更された。

ただし、将校課程の丙種学生ならびに下士官課程の戊種学生が最初に入校したのは一九四一年九月のことであり、ここから中野学校令にもとづく新しい入校学生の分類が開始された。

各種学生の概要

以下、五種類の学生について、その概要を順次説明することとしよう。

【甲種学生】

後方勤務要員養成所出身者、「陸軍中野学校令」（一九四〇年八月）発令前の陸士出身の甲種学生（1甲、2甲）、甲種幹部候補生出身の一期生および乙種学生（乙Ⅰ、乙Ⅱ）、同学校令発令後の陸士出身の乙種および甲種幹部候補生出身の丙種の学生課程を経て、一定期間に秘密戦に従事した大尉、中尉が対象となった。修学年限は一年間とされた。

陸大専科と同等に待遇を与える考えで、甲種学生は学生隊に属さず、校長の直轄とする意向であった。

しかし、これは制度として存在したのみであり、中野学校が短期間で終了したために活用されなかった。

なお、前述の1甲（五人）、2甲（一三人）と称せられた学生は後述する乙種学生に属する。

【乙種学生】

「陸軍中野学校令」制定前に一九四〇年から四一年にかけて入校した1甲、2甲および一九四二年に入校した1乙より四五年入校の5乙までの学生である。

陸軍士官学校（委託学生出身の各部現役将校、軍医、獣医、主計幹部を含む）を卒業した大尉および中尉を主体として、そのほか現役の各種将校を推薦により乙種学生として入校させた。修学年限は二か年、当時の情勢で一年ないし八か月に短縮された。乙種学生は唯一の営外居住の学生である。卒業生総数は一三二人であり、内訳は1乙×二七人、2乙×三〇人、3乙×二八人、4乙×二七人、5乙×二〇人である。

【丙種学生】

甲種幹部候補生出身の教育機関である予備士官学校の学生から試験を行なった後に採用した学生であり、修業年限は二か年であったが、当時の情勢で一年ないし八か月に短縮された。

中野学校の将校学生の大半を占めており、基幹学生ともいうべき存在であった。

後方勤務養成所創設時に入校した一期生、その後に入校した乙Ⅰ長および乙Ⅰ短、そして乙Ⅱ長および乙Ⅱ短は丙種学生である。

乙Ⅰ・乙Ⅱ短期の卒業生より選抜された特別長期、遊撃戦幹部要員としての二俣分校学生、遊撃および情報の臨時学生は、ともに丙種学生の範疇に属する。

卒業生総数は本校学生が九八四人であり、内訳は一期生×一八人、乙Ⅰ×一一〇人、乙Ⅱ×一三六人、3丙×七三人、特別長期×二三人、4丙×二四人、5丙×三三人、遊撃×五五人、6丙×八三人、情報×八九人、7丙×四二人、8丙×一四一人、9丙×七三人、10丙×八四人である。二俣学生が五五三人で内訳は一期×二二六人、二期×二〇二人、三期×一二五人である。

区分	課程の目的・採用・学生の対象	学生の種別		修学年限	該当学生
		発令以前	発令以後		
将校	本校の乙、丙種学生を経て、一定期間秘密戦実務についた将校を教育する		甲種学生	1カ年	制度の活用なし
	陸軍士官学校出身者で中野学校入校を命ぜられた大尉、中尉	甲種学生	乙種学生	2カ年（実際には1年ないし8カ月に短縮）	1乙～5乙
	予備士官学校出身者を選抜試験で採用	乙種学生	丙種学生	2カ年（実際には1年ないし8カ月に短縮）	・1期生 ・乙Ⅰ長、乙Ⅰ短 ・乙Ⅱ長、乙Ⅱ短 ・3丙～9丙
	遊撃戦の幹部要員としての二俣分校の課程			3カ月	俣1～俣4
	司令部で情報に勤務するための将校を養成するための課程（情報）			3カ月	情報
	遊撃戦教育の幹部将校を養成するための臨時課程（遊撃）			2カ月	遊撃（Ⅰ） 遊撃（Ⅱ）
	乙Ⅱ短より選抜された18名、乙Ⅰ短等で選抜された5名の学生への臨時課程		特別長期学生	6カ月	特別長期
下士官	本校戊種学生を将校とする制度		丁種学生	1カ年	制度の活用はなし
	下士官候補生出身者を試験により採用	丙種学生	戊種学生	1カ年（初期を除き6カ月ないし8カ月に短縮	丙1、丙2 戊1～戊8

陸軍中野学校発令（1940年8月）にともなう学生の種別の変更

【丁種学生】

中野学校を卒業した下士官を将校（少尉）にするための課程学生であり、種学年限は一か年とされた。制度として存在したのみで、実際には活用されなかった。

２乙（陸士出身）の桑原嶽は丁種学生について、次のように述べている。

「下士官学生というのは非常に優秀なのが多かったのです。とくに教導学校の一番で、教育総監賞をもらったとか、そういう連中が非常に多かったものですから、そういう人たちの将来のことを考えて、少尉候補者に準ずる学生を作ったわけです」（『風濤 一軍人の軌跡』）

【戊種学生】

乙種幹部候補生出身や陸軍教導学校で教育総監賞などを受賞して卒業した下士官学生であって、乙Ⅰ長・短期と同時に採用が開始され、陸軍中野学校の下士官学生の基幹となった。卒業生総数は五六七人であり、内訳は丙1×五二人、丙2×七七人、3戊×七〇人、4戊×七五人、5戊×七七人、6戊×一〇六人、7戊×一一〇人である。

このように五つの学生に区分されるが、中野学校の主体をなすものは民間大学などを出た甲種幹部候補生出身将校の丙種学生と、陸軍教導学校などを優秀な成績で卒業した下士官学生の戊種学生であった。

中野学校および同学生の特徴

学校の設立経緯、発展の歴史、学生の選抜要領などから、中野学校の特徴について要点を整理する。

第一に、時代によって中野学校の教育目的や目標が変化し、これにともない教育内容も異なった。当初は秘密戦の将校教育から開始され、異動が必須の駐在武官に代わって「替わらざる武官」として国際情勢を幅広く解明する秘密戦士の育成が重視された。

しかしながら、中野学校の中核たる幹部学生に対する「替わらざる武官」の育成という最大目標の追求は創設期から三年目までで途絶えた。

支那事変の泥沼化で大量の秘密戦士が必要とされ、太平洋戦争開始や日本軍の戦況劣勢によって外地での遊撃戦、さらには本土決戦に備えて国内での遊撃戦へと教育の重点がシフトした。

こうした状況変化を受けて、一九四四年夏以降、秘密戦と遊撃戦を教育する中野本校と、遊撃戦に専門化した二俣分校に分かれた。

第二に、中野学校では秘密戦と遊撃戦との相違は認識されており、当然のこととして遊撃戦教育を引き受けたのではなかった。

前出の2乙の桑原嶽は、一九八五年八月に市ヶ谷台クラブでの講演で、次のように述懐している。

「また陸軍において、当時この種戦闘形式の研究をやっていたのは中野学校が第一であったので、臨時学生が入ったのである。大東亜戦争の後半頃から一般情報勤務にもっと重点を置くよう当時、参謀本部第二部から慫慂《しょうよう》があったが、本校が秘密戦学校であるとの本来の趣旨で学校は同意しなかった。（中略）思うに、陸軍においては一般情報勤務と秘密戦勤務を教える二本立ての学校が本来必要であったのに、最初にできたのが中野学校であったので、戦争に際会して一般情報勤務教育（ママ）の必要に迫られ、中野でこれをやろうということになったのだと思う。しかし、両者は別々にやるのが適当であろうと信ずる。

こういう所見を鈴木さん（筆者注、研究部長の鈴木中佐）が入れております。このようにして、今申し上げたように遊撃戦ということが昭和十八年の暮れから十九年の春にかけて非常にやかましく、遊撃戦、遊撃戦といいだして、結局中野学校で遊撃戦をやることになりました。しかしあの東京の真ん中の中野では、とても遊撃戦の訓練などできませんので、分校をつくれということで、二俣分校というのができたわけです」（『風濤 一軍人の軌跡』）

つまり、やむを得ない時代の要請により、本来は一線を画すべき秘密戦と遊撃戦との教育を中野学校が一体的に引き受け、それゆえに二俣分校を創設したのである。

また、関東軍の特殊部隊である満洲第五〇二部隊（機動第二連隊）に所属した鈴木敏夫は自著『関東軍特殊部隊』で、「五〇二部隊の訓練内容を、レンジャー部隊の教育課程とくらべてみれば[※]、ほとんど変わる点がない。事実上、昭和十七、八年現在において、すでに日本陸軍にはレンジャー部隊が存在していたと言っても過言ではなかろう」と述べている。

つまり、遊撃戦のやり方や要員の教育訓練の基礎はほぼ万国共通であって、それを作戦部隊が独自に作戦現況に適合させて行なう。すなわち、中野学校は遊撃戦の基本（基準）教育を行なったが、中野学校が遊撃戦の唯一無二の教育訓練機関だったわけでなく、作戦部隊がそれぞれ教育訓練を行なっていた。

ただ、この中野学校本来の使命ではない「遊撃戦」を教育課程に加えたことと、小野田少尉が中野学校の代名詞のように取り沙汰されたことから、後年同校が大きく誤解され、人々に歪んだイメージを植えつけることになったのである。

なお筆者は一九八四年に陸上自衛隊に入隊、普通科（旧軍の歩兵）に進み、この間レンジャー教育を修了した。その後、二〇一五年に退官するまでずっと情報勤務についたので、秘密戦と遊撃戦との相違やそれぞれの特色は理論的にも感覚的にも認識しているつもりである。

第三は、中野学校の各学生は、厳しくかつユニークな選抜方式により、後方勤務要員養成所に入所した一期生をはじめ、各期ともに非常に優秀であった。このことが中野出身者と接する周囲による中野学校への期待値を高め、中野学校が正式な陸軍参謀本部の学校へと昇格した一要因にもなったのであろう。

将校学生のみならず下士官学生も精鋭であった。前述の桑原（2乙）は次のように述べている。

「この実科は、われわれは、概要程度で、さっきいった戊種学生はこれが主なのです。ですから、私は戊種学生は若いのにこんなのを教えて、悪くなったら大変だなと思ったわけです。それで、この精神要素の涵養が大切で、非常に精神教育が徹底していたのです。また私は学生を見ていて、戊種学生が一番優秀だと思ってました。実に軍規も厳正ですし、立派なものでした。あのくらいでなければ、こういう悪いことばかり教えるわけですから、間違ったらとんでもないものになってしまうわけです」（『風濤 一軍人の軌跡』）

このように秘密戦の実科（開錠法、開封法、窃盗法など）や軍規などの面では将校学生を凌駕していたようである。そして、その技術面の優秀さの背景にあったものが、前述した秘密戦士教育の基本方針の一つ、人間養成であった。

（※）鈴木は同著で、戦後に自衛隊でレンジャー部隊を創設するにあたって二人の幹部自衛官が米国陸軍歩兵学校に留学して研究したことや、そこでの米軍のレンジャー部隊の教育課程の内容と関東軍特殊部隊の訓練内容と比較した。

第5章　中野学校の教育

創設期の教育方針と教育環境

秘密戦士の理想像は明石元二郎

「替わらざる武官」の養成とは感覚的にはなんとなく理解できるが、その実態はいま少しはっきりしない。創設当初の中野学校関係者も感覚的に「替わらざる武官」の必要性は認識していたものの、「具体的には何か？」と問われれば、答えに窮したのではないだろうか。

そこで、関係者が持ち出したのが、秘密戦で成果を上げた歴史人物を理想像とする教育方針の確立であった。

一期生の日下部一郎は「学生たちにもっとも深い感銘を与えたのは、日露戦争での明石元二郎《あかしもとじろう》大佐

(一八六四〜一九一九年)の活躍であった」として、以下のように述べる。

「中野学校の錬成要綱の一つに、『外なる天業恢弘《てんぎょうかいこう》(筆者注:天皇の事業を世に推し広めるという意味)の範を明石大佐にとる』という言葉があった。中野学校の目的は、単なる秘密戦士の養成でなく、神の意志に基づいて、世界人類の平和を確立するという大きいものであり、そしてその模範とすべきは明石大佐である、という意味だ。実際に、明石大佐の報告書と『革命のしおり』という標題のつけられた大佐の課報活動記録は教材に用いられ、それによって、学生たちは大いに鍛えぬかれたのである」(『決定版 陸軍中野学校実録』)

明石大佐は、一九〇四年の日露戦争の開戦前から駐露公使館付武官を務め、開戦とともにスウェーデンのストックホルムに移り、欧州各地を縦横に動いて対ロシア政治工作を行なった。

ロシアの内政情勢を調べあげ、ロシアの拡張主義に反発するスウェーデンなどで協力者網を設定。戦争が始まると、参謀本部から受領した工作資金百万円を運用して地下組織を束ねるシリヤクスと連携し、豊富な資金を反ロシア勢力にばら撒き、扇動に駆り立てた。

当時の国家予算は二億五千万円であったことから、渡された工作資金百万円は、現在の価値に換算すると二千億円を超える大金であった。

明石の活動について、児玉源太郎の後任の参謀次長である長岡外史(一八五八〜一九三三年)は「明石の活躍は陸軍一〇個師団に相当する」と評し、ドイツ皇帝ヴィルヘルム二世も「明石一人で、満洲の日本軍二〇万人に匹敵する戦果を上げている」と称賛したとする文献もある。

前述の日下部のいう報告書とは、明石大佐が帰国して一九〇六年に参謀本部に提出した『明石復命書』のことである。のちに明石自身がこれに『落花流水』という題をつけた。もう一つの『革命のしおり』とは、この報告書を参謀本部の倉庫から探し出し、秋草、福本、伊藤の三教官が徹夜で謄写版刷りの教材にまとめたものである。

今日『落花流水』は一般書籍にも収録されているが、この記述内容を考察すると、中野学校では公刊資料を活用しての赴任国の政治情勢・民情・敵対勢力や友好勢力に関する情報分析の手法、現地での協力者との接触要領、革命・扇動の準備工作の要領や留意点などを教育したとみられる。

一九四〇年一〇月に行なわれた乙I長（二期生）の卒業式には、東條英機陸軍大臣が出席し、その席上で首席学生は明石大佐の政治謀略について講演した。つまり明石謀略は学生の必須の自主命題とされ、正規教育の内外で自主研鑽が行なわれたのである。

秋草は「日露戦争で第一の功労者であった明石大佐を新橋駅で出迎えたものは、人目をはばかって軍服をさけ、私服姿の児玉源太郎将軍ただ一人であった、明石大佐の報告書にしても参謀本部の倉庫にホコリをかぶって眠り続けていた」などの不遇のエピソードを話し、「それでも明石大佐は武官として捕まって捕虜として扱われたであろうが、秘密戦士の功績は語ることもできなければ、敵国に捕えられれば銃殺や絞首刑は免れない。それでも貴様らは耐えられるか。耐えられなければ遠慮なく辞職を申して出てもらいたい」と語り、決意のほどを学生に確認したという。

つまり、明石謀略は秘密戦の知識・技能の教育にとどまらず秘密戦士のあり方を説く精神教育としても恰好の題材となったのである。

今となっては、こうした説の多くは明石自身が著した『落花流水』や司馬遼太郎の小説『坂の上の雲』などをもとにした多分に誇張的な評価とされる。

また近年、明石工作を研究している名城大学の稲葉千晴教授は、明石がレーニンと会談した事実や、レーニンが明石に「感謝状を出したい」と発言した事実は確認されていないと結論づけている。稲葉教授によれば、日本で称賛されるような明石の活躍はロシアでは流布しておらず、ロシア帝国の公安警察である「オフラナ」が明石の行動を逐一確認しており、工作の大半は失敗に終わっていたという。（稲葉千晴『明石工作―謀略の日露戦争』）

秘密戦士の理想像とされた明石元二郎は陸軍大学出の武官であり、出世が約束された軍人である。軍人の地位を捨て、日本のために命をかけた石光真清《いしみつまきよ》（一八六八～一九四二年）のような人物を「替わらざる武官」の理想像とすべきではなかったかという見方もあるだろう。（236頁参照）

しかし、石光のような〝一匹狼〟の秘密戦士ではなく、グローバルな謀略に従事した明石が中野学校の理想像とされた。秘密戦士として、「縁の下の力持ち」になれというものの、命をかける以上、秘密戦士はヒーローでなければならない。地味な存在に徹し、国のために尽くせと理屈でわかっていても、それで精神面を鼓舞するのはむずかしい。

そこで、秘密戦で最大の功績を果たしたとされる明石を理想像とすることで、学生の大志や使命をかきたてようとしたのであろう。

準備不足の教育・生活環境

前述のとおり、中野学校の創設が陸軍の総意ではなく、準備期間も二年弱と短く、教育内容の選定も吟味されたとはいえず、教材も不足していた。秘密戦士を育成する必要性と一部関係者の並々ならぬ意気込みばかりが先走り、〝見切り発車〟といっても過言ではない。

これについて、乙I長期（二期生）の原田統吉は「最初に奇妙に感じたことは、それぞれの講義の内容がテンデバラバラであることだ」と述べている。

一期生の日下部は、その著書『決定版 陸軍中野学校実録』の中で次のように述べている。

「講義もまた型破りであった。教科書がない。教材がない。もちろん、一貫した教育方針や指導基準があるわけではなかった。講義は、各教官の思いどおりに、自由なかたちで行われた。わが国の戦国時代や、中国の戦史や、日清、日露その他の戦史の中から、秘密戦に関する記録を収集したり、海外武官による各国の視察報告をまとめたりして、教材をしだいに作っていく状態であった」

ただし、手探り状態で型にはまらない教育が自由な発想と創意工夫を促し、結果的に功を奏したとみられる。おそらく教官は学生と一体となって秘密戦という未開拓の分野を共同研究したことで成長したのであろう。

また、一期生は借家住まいの共同生活で、授業は寺子屋式だった。教育管理もおおらかで、外出時間の制限もなかった。つまり、翌日の課業に間に合えば、何時に帰校しようとも完全に学生個人の自由意志に委ねられた。

こうした自由闊達の雰囲気の中で学生は自主自律の精神を学んだ。一期生の日下部、二期生の原田の手記を読むと、まさに創設期ならではの教育・生活環境がプラスに作用したといえよう。

校外教官――杉田少佐と甲谷少佐

最重要課目である課報、謀略、防課、宣伝については、中野学校職員（教官）が主として諸外国の実例などについて講義したが、参謀本部の謀略課（第八課）などから部外講師が私服に着替えて来校して体験談なども語った。

教科書がないから、校外教官などの実体験にもとづく教育が行なわれた。

体験談は学生の感性に訴えるものなので教育効果が期待できる一方、教官の個性も学生の感性もさまざまなので、教育の標準化や教育評価という点では難がある。

教官の同じような教育課目であっても恣意的判断によって重点が変わり、解釈が異なり、時として内容がまったく異なることにもなる。学生は何が正しいのか、どちらが正しいのか判断に苦しむことになる。

以下は、二期生の原田が語る回顧録である。

「たしか当時参謀本部の英米課の課長か班長であった杉田参謀（筆者注、杉田一次少佐。当時は課員）が、その『英米事情』の最初の講義の時間に、英米に対する意見をワラ半紙に書かせて、生徒全員から徴集したことがあった。これは試験などというものではなく、教官が生徒の理解や知識の程度を掴むための参考にするデーターであって、これによって教官は講話の内容を決めたものらしい。甲谷さんなどは、『ソ連要人の名前を知っているだけ書け』というような問題を出し、その場でめくって見て『うん、去年の連中よりはよく知ってるな……』と軽く言い放って、講義をはじめたものである。

しかし杉田さんの場合は違っていた。見終ると、『T』学生を指名して、『君の英米に対する認識及び判断の理由は？』と聞く。Tがその前日支那事情の教官から受けた講義の線に沿って説明すると、非常に不機嫌になり、他の二、三の学生にもそれと同様の質問をし、同じような答えが返って来るとますます不機嫌になり、多少の論争の後、『本日はこれで終る』と帰って行ってしまった。

まだ稚かったわれわれは軍の画一主義から抜け出しておらず、しかも参謀本部ともあろうものは、一つの認識と一つの意志とに統一されているべきものだと思っていたのだ。要するに『諸悪の根元は英米にして、英米やがて討つべし』という前日の教官の意見は、われわれに無批判にうけ入れられていたのである。

ところが、杉田参謀はその後、一度も講義に来ないのである。多少の誤解もあったのだが、『あのような、単純な反英米的教育が行なわれているところへ講義に行っても無駄だ…』というのが理由であったらしい。――杉田さんというのは後年、自衛隊の陸幕長をつとめた杉田一次氏である（筆者注、杉田は一九六〇～六二年に陸幕長に就任）。

このように、実に多様の、食い違い、相反する認識と意見が、そこの教壇ではそれぞれ強い情熱とともに語られ、われわれは新しい学び方を急速に身につけねばならなかった。この学校の最も中心的なテーマである『情報』ということば一つにしても、各人各様の解釈があったのである」（『風と雲と最後の課報将校』）

杉田は米国駐在経験がある知米派である。米国の国力などをよく認識していたから対米戦争は絶対回避すべきの立場をとっていた。

杉田は自著『情報なき戦争指導―大本営情報参謀の回想』の中で、親独派の陸軍高官や、松岡外相などが日独伊三国同盟にひた走り、それが対米英決戦へとわが国を駆り立てたとの見方を呈している。また、中野学校の生みの親とも称せられる岩畔大佐については「謀略家であった」として好意的な印象を持っていなかった模様である。第八課の新設も「誤った道」であった旨を述べている。

さらに杉田の著書には、中野学校のことはまったくといってよいほど登場しない。

欧米課には中野学校の創設に強硬に反対する者もいたというから、杉田は基本的に中野学校に嫌悪感を持っていたのではなかろうか。中野学校という組織がどのようなところかを確認するため、あるいは中野学校から依頼されて仕方なしに教育を引き受けたものの、講義での学生の応答に対し、もともとの嫌悪感が再燃し、諦念感が増幅した。これが筆者の見立てであるが、少しうがっているかもしれない。

原田が戦後、杉田にどのような個人的な感情を持っていたかは知る由もないが、原田は一九七三年五月初版の前掲書で次のように述べている。

「〝混乱〟ともいえそうな、このような状況の中から、私たちは重要なことを学んだように思う。《この道においては、すべてが参考意見に過ぎない。自分で考え、自分で編みだし、自分で結論せよ》ということである」

ここには、杉田の講義放棄を肯定的に捉え、自己の成長の糧にしようとする原田の前向きな姿勢がうかがえる。

甲谷教官に対して、原田は前述の温情的なエピソードに加え、「甲谷悦雄少佐（当時）のロシア事情などは充実した熱のこもったものであった」として、その教育の有効性を語っている。

甲谷悦雄《こうたにえつお》は杉田より二期上の陸士三五期である。参謀本部ロシア課参謀、ソ連大使館付武官補佐官、大本営戦争指導課長、ドイツ大使館付武官補佐官を歴任し、陸軍大佐で終戦を迎えた。甲谷は中野学校の創設を強力に推し進めたロシア畑の人物で、学生に対しても並々ならぬ愛情があったのであろう。原田以外にも多くの学生が甲谷を信奉していたようである。

戦後、甲谷は公安調査庁参事官などを歴任。原田以外にも甲谷を信奉した中野卒業生は多くいたという。筆者もかつての調査学校の教官時代に、一五年ほどの先輩教官から甲谷の戦前の勤務の一端と、情報勤務にかける執念について話を聞き、感動したことがあった。

筆者は校外講師などを依頼することの有効性は大いに認めるが、教育を運営する主務者が学生所見を確認するなどして、その効果をしっかりと評価し、次回以降の教育に反映させることが必要だと考える。

創設期の教育課目の分析

一期生が学んだ教育課目

本書の目的が秘密戦を題材に現代的な教訓を導き出すことであるので、とりわけ創設期の教育には注目する必要がある。

次頁の表は一期生（一九三八年七月～三九年八月）の教育内容であり、二期生もこれとほぼ同様の

一般教養基礎学	国体学、思想学、統計学、心理学、戦争論、日本戦争論、兵器学、交通学、築城学、気象学、航空学、海事学、薬物学
外国事情	ソ連（軍事戦略）、ソ連（兵要地誌）、ドイツ、イタリア、英国、米国、フランス、中国（軍事戦略）、中国（兵要地誌）、南方地域（軍事）
語　学	英語、ロシア語、支那語
専門学科	課報勤務、謀略勤務１、謀略勤務２、防諜勤務、宣伝勤務１、宣伝勤務２、経済謀略、秘密通信法、防諜技術、破壊法、暗号解読（謀略勤務と宣伝勤務に１と２があったのではなく、教官が異なったので、筆者が番号は振った）
実　科	秘密通信、写真術、変装術、開緘術、開錠術
術　科	剣道、合気道
特別講座、講義	情報勤務、満洲事情、ポーランド事情、沿バルト三国事情、トルコ事情、支那事情、フランス事情、忍術、犯罪捜査、法医学、回教事情
派遣教育	陸軍通信学校、陸軍自動車学校、陸軍工兵学校、陸軍航空学校
実地教育	横須賀軍港、鎮守府、東京湾要塞、館山海軍航空隊、下志津陸軍飛行学校、三菱航空機製作所、小山鉄道機関庫、鬼怒川水力発電所、陸軍技術研究所、陸軍士官学校、陸軍軍医学校、陸軍兵器廠、大阪の織物工場、その他の工場、ＮＨＫ、朝日新聞、東宝映画撮影所、各博物館など（往復は自由行動、終わって全員学習レポートを提出）

１期生（1938年7月～39年8月）の教育課目

教育を受講した。

これら課目の担当教官は、学校職員のほか、参謀本部、陸軍省、陸軍士官学校、陸軍歩兵学校などから教官（大尉～大佐）が派遣された。

兵器学は陸軍科学研究所、薬物学は陸軍軍医学校、気象学は気象部、秘密通信は陸軍技術本部（登戸研究所）から派遣された。統計学は内閣から文官教官が派遣された。

教育課目を一瞥するだけでどのような教育が目指されたのか、おおよそ推察できるが、課目名だけではどんな教育かわからないものもあるので、簡単に補足する。

国体学は後述するが、精神教育の一環として、楠木正成《くすのきまさしげ》などの思想を学んだ。

兵器学、交通学、築城学は陸軍士官の本科で修学する内容である。

海事学というのは上陸作戦の船舶の兵員輸送量などに関するもので、これは参謀本部第三部から教官が派遣された。

開緘《かいかん》術は、封書を開けることである。当時の外交文書は開封がすぐにわかるようにロウで密封してあった。そのロウの型を取って、複製し、封筒から文書を取り出し、複写して、元通りに戻し、封印をきちんと押し、開封の痕跡を残さない技術である。

開錠《かいじょう》術は、鍵の構造を理解し、鍵に無用な圧力を加えずに開ける技術である。

変装術は、入れ歯をしたり、付け髭で顔を変え、変装する。さらに尾行したり、尾行をまいたりして、自らの行動を欺騙する技術も含まれる。

一期生の教育課目を見ると、関係者の秘密戦に欠ける並々ならぬ気概を感じる一方で、「一年程度の履修期間で、よくもこれだけ多くの教育課目を組んだな」という驚きを覚える。

筆者は陸上自衛官時代に、約一年間の情報課程(※)を学生として履修し、また同課程の教育主任(課程主任)を務めたことがある。

このような経験から察するに、学生は次から次へと与えられる教育課目についていくのが精いっぱいで、おそらく履修した内容を定着させる余裕はなかったであろう。いわゆる〝消化不良〟の状態ではなかったかと推察する。

実科では秘密通信、写真術、変装術、開緘術、開錠術といった秘密戦遂行のための課目が組まれているが、実科教育に充てられた時間は一一八時間であった。（斎藤充功『日本スパイ養成所―陸軍中野学校のすべて』）

各課目の授業時数は二〇時間強となり、これでは開緘術、開錠術などは体験程度にすぎず、実際の現場でそれを活用することは不可能であったろう。

要するに、「こういう技術もあるんだ」ということを体験させ、強い印象をもたせること（便宜的に「印象教育」と呼称）が主たる狙いであろう。つまり、「このような技術が必要になる場面に実際に出くわすかどうかわかないが、仮に出くわしたならば、ここでの教育を思い出し、自らの工夫と技術研鑽で乗り越えよ」という趣旨であったろう。

あるいは、相手側がこうした技術を持っていることを意識させ、自らの課報・謀略などへの防諜観念を高めさせることに狙いがあったと思われる。

総じていえば、実用性を身につけるよりも、印象教育を施すことで秘密戦での実科の重要性を認識させ、自学研鑽の気概を養うことを重視したのである。

（※）陸上自衛隊調査学校にかつて存在した総合情報課程のこと。この課程は同校の「戦略情報課程」を基に設置した。現在は陸上自衛隊情報学校の「幹部特修課程（情報）」に改編された。筆者は最後の戦略情報課程を履修し、翌年に総合情報課程の一期生の学生長となった。同課程は三佐クラスを対象にした将来の情報部隊などの指揮官、幕僚を養成する課程であり、戦術、服務、精神教育、国際情勢、情報理論、陸自情報組織の運用、情報運用、命題研究などの教育が行なわれた。念のために付言すれば、中野学校のような開緘術、開錠術、変装術などの実科は学ばない。

判断力の養成を重視

乙Ｉ長期の原田は以下のように回顧している。

「技術に関しては充分に習熟するというよりも、幅広く基礎をみっちりやっておくことに重点があったようである。将来どのような形で任務につくか予断し難い立場を考慮してのことであったらしい。何しろ苦力《クーリー》になるのか、一流商社マンに偽装するのか、外交官になるのか、全然見当もつかないのだから。――その基礎さえあれば、その時必要なだけの技術は現場に即応してマスターできる能力はもっているはずだ、ということであったのだろう（そして現実に仕事を始めたときそれは全くそのとおりであった）。007的教育は、私の『中野』においては部外者が考えているほど、あまり大きな比重を持たなかったのである」（『風と雲と最後の諜報将校』）

また、原田の回想には以下の授業内容が紹介されている。

「講義は淡々と進み、やがて問題が出る。いつものことだ。『情況は本日の現状、駐ノルウェー武官としての状況判断及び処置如何』というのである。ドイツが『ノルウェー、デンマークに進駐した』ニュースが新聞に伝えられた直後である。与えられた時間は二十分。

軍における情況判断というのは、単に情況の分析だけではない。相手の企図、実力及びそれに関連する一般条件を分析予測し、それを当方の企図から判断して、最後は『吾方は○○するを要す』という言葉で終る、主体的な意志決定直前の段階までの作業である。そして武官の処置とはこの場合、独立した秘密戦指導者の具体的行動を意味する」（『風と雲と最後の諜報将校』）

つまり、中野学校の創設期が目指す教育は判断力の養成を重視する教育であり、今日の世間がイメージしているスパイ教育ではなかった。

ただし、単独での判断力を養成するという中野学校の創設時の教育方針が太平洋戦争勃発という情勢変化を受けて変容した可能性は否定できない。

これに関して、岩畔豪雄は戦後の取材に対し、中野学校に関連する質問に次のように答えた。

「ところが遺憾なことに、大事なのは頭なんだ。ところがそういう手先の技巧に走るのだね。それが中野学校の失敗の一つでしょうね。技巧はある程度必要であるが、頭が大事だ、技巧も併せて出来ればいいが、そういうことで、大事な時に判断を間違いますね。やはり広い知識を与えなければなりませんね。将来作ることがあったらそういうものを作りたいと思いますが、私はもう間に合わないから、みなさんがおやりになるときは、そういうことを考えてやって下さい」（『昭和陸軍謀略秘史』）

岩畔は中野学校の創設者であり、太平洋戦争中は南方で岩畔機関を組織し、多くの中野出身者を使った。その岩畔の言葉は重い。

岩畔がいう「失敗」の詳細は明らかにされていないが、太平洋戦争勃発により秘密戦要員を大量養成する必要性が生じ、対象範囲を下士官までに拡大し、また遊撃戦教育が付加され、長期視野に立った判断力重視の教育はできなくなったなどの状況を指すのであろう。

前述のとおり、岩畔は創設期の中野学校の学生選抜に携わり、選抜された学生の資質を高く評価している（111頁参照）。それゆえに、本来の目的を成就できなかった中野学校のあり方を残念に思ったのだと推察される。

こうした状況の変化に加え、技術教育は映像的にも見映えがするので、のちの中野学校の映画などでは大袈裟に取り上げられ、中野学校が007的な〝スパイ学校〟という短絡的な誤解を生んだのだろう。

科学的思考を意識した教育

特殊爆薬、偽造紙幣、秘密カメラ、盗聴用器材などの教育については、当時、謀略器材の研究にあたっていた登戸研究所の協力を得て実施された。

第一次世界大戦で、航空機や化学兵器（毒ガス）といった近代兵器が登場したことなどから、各国は科学・技術を重要視した軍事的政策をとるようになった。日本もこれに後れをとってはならないとして、一九二七年四月に「秘密戦資材研究所」が設置され、同研究所が発展して、三九年八月に「陸

軍科学研究所登戸出張所」、いわゆる登戸研究所が発足した。（66頁参照）

「諜報・謀略の科学化」の大きな目的の一つが、近代兵器や秘密戦器材の開発と、それに対応する秘密戦士の育成であった。

しかしながら、「諜報・謀略の科学化」は、近代兵器や秘密戦兵器の開発という局面に留まるものではない。むしろ科学的思考こそが重要である。

その点、一般教養として統計学、心理学、気象学といった課目が組み込まれていることは注目に値する。

統計学に八時間、心理学に五時間が配当されていた。（『日本スパイ養成所』）

もちろん十分な時間数とはいえないが、それでも終戦後に出光石油に勤務した一期生の牧沢義夫は、中野学校の教育で実務に役立ったのは統計学と資源調査のリサーチ法であったと語っている。

（斎藤充功『証言―陸軍中野卒業生たちの追想』）

情報分析での客観性を保持するには、「データにもとづいた定量的な分析を重視する」「判断時に生じる心理的バイアスを排除する」の二つがとりわけ重要で、とくに戦略レベルの情報分析に関わる要員には統計学と心理学の素養が不可欠である。

中野学校で、どのような統計学や心理学の授業が行なわれたかは定かではないし、授業時間数も不十分であるが、このような課目を行なうことの重要性を認識していただけでも、同校の学究的な方針と時代の先進性を感じられる。

これは今日の自衛隊の情報要員の育成においても重要な教訓になる。これらの素養は詰め込み教育で修得できるものではない。大学および大学院課程でこれら教育を履行した者を採用するか、防衛大学校（同大学院を含む）の教育あるいは留学、部外研修などの活用も有力案であろう。

危機回避能力の取得

一期生の術科教育では、陸軍の自動車学校、通信学校、工兵学校、飛行学校などで無線の操作、自動車や飛行機の操縦練習などが実施された。

もちろん、短時間で飛行機が操縦できるはずがない。これらは何らかの想定外の事態が発生した場合の危機回避能力の修得が狙いであろう。

一期生へのユニークな教育として今も語り伝えられているのが、甲賀流忍術一四世名人の藤田西湖《せいこ》による忍術教育である。これは多分に脚色され、面白おかしく取り上げられたため、中野卒業生の誇張されたイメージ作りの一因になっている。

忍術教育には三回計八時間が配当され、藤田による講義と実演のみで、学生の実習はなかった。

藤田は節《ふし》を抜いた竹をもって水中にもぐり、潜む法、腕や足の関節をはずしてワナを抜ける法、音をたてずに歩いたり階段を上がったりする法、壁や天井をはい回る術などを実践してみせたという。

（『秘録陸軍中野学校』）

忍術といえば〝インチキ手品〟のような捉え方をされかねないが、捏造された実演展示が行なわれたわけではない。藤田は「犬の鳴き声をするとメス犬が吠える」と言って、犬の鳴き声を実演したが、なかなか思うような状況にはならなかったという。

自動車学校などでの操縦訓練と同様、忍術教育は秘密戦士に必須の危機回避法やサバイバル技能の修得が狙いであったろう。

忍術教育以上にユニークなものとしては、前科のあるスリを招いての実演や、絶世の美女になりきる新派の元女形による変装術講座もあったようである。

これらも、実際のスリや元女形から情報の窃取や変装の具体的な技術を学ぶというよりも、諜報活動上の行動保全の重要性、あるいは先入観で物事を見たりすることの危険性、平素の観察力のいいかげんさなどを感覚的、視覚的に理解させる印象教育が狙いであった。

実戦を意識した情報教育

陸軍大学の教育では図上戦術が重視された。これは創造性を鍛えるよい教育方法であったとする一方、決まりきった「想定」という枠の中で行なわれる教育であるがゆえに、「いかに工夫しようとも実戦場裡の状況は演出できるものではない。それは、結局は、抽象的、断片的、観念的の演練にすぎない」（三根生久大『陸軍参謀―エリート教育の功罪』）との否定的な見解もあった。

情報教育に関しては、陸軍大学校での「戦略や戦術の教育においても、情報は教官（統裁官）より与えられ、情報がいかにして求められ、審査や評価されたかは不問に付され、与えられた情報はすべて真実であるとして受け容れられた」（『情報なき作戦指導』）

陸軍大学校での情報教育は軽視されたとして、『大本営参謀の情報戦記』の著者堀栄三は「情報がどのように求められ、審査され、評価分析されて敵情判断にまで漕ぎつけるかの情報関係のトレーニングは、教官が示した状況（敵情）以外に考える必要のない、作戦本位の戦術教育では無理な注文である」と述べている。

この点、中野学校の情報教育は、前述の原田の回想録にあるように、ドイツが「ノルウェー、デンマークに進駐した」という現実の状況を題材に、駐ノルウェー武官という現実の職務を想定して、状況判断および処置事項を短時間で考察させた。

さらに学校職員によれば、右の教育状況を視察した陸軍省人事局補任課長の額田大佐が「わずかな期間によくもまあここまで成長したものだ。陸大出の情報将校も若いものはこう行くまい。特に総力戦的判断がすぐれている」（『風と雲と最後の諜報将校』）とベタほめしたという。

これに関し、原田は次のように語った。

「事実、われわれにして見れば、あれはさほどの難問ではないのである。入学以来、毎日の新聞はごくありふれた不断の自習材料であった。トップから三行通信まで、すべての外電はその見出しの大小にかかわらず、総力戦と秘密戦の見地から洗い直し、徹底的に分析し判断し予測し、各種の立場から処置を決定してみること。――予測や処置の当否は、やがて現実の経過が解答してくれる。採点するのは自分だ。「現実から習う」これが日常の営みとして続けられていたに過ぎないのだ。大ゲサにいえば主体的に現実と対決する知的自己訓練といってもいいだろう。解答は何も特別なものではない。それに唸ったとすれば、唸る方がおかしいくらいだったのである。秘密戦の学生にとっては、新聞だけでなく、心掛けしだいであらゆる事象が教師となり得る。否すべての現実が教師でなければならなかったのである」（前掲書）

中野学校での情報教育は、陸大の図上戦術や情報教育よりも、はるかに実戦的であったといえよう。

創設期の中野学校では、かぎりなく自らを実戦現場の中に置き、形式にとらわれない柔軟な教育が行なわれた。

今日では教育管理、教育技法などが重視される傾向にある。もちろん、これに利がないわけではないが、過度の教育管理などはマイナスである。

たとえば、教授計画（LP：レッスン・プラン）が上司が教官を指導するツールとなり、そこに教官の負担がかかりすぎると、教官の予習時間の確保は難しくなる。これでは、中野学校のような「情況は本日の現状、駐ノルウェー武官としての状況判断及び処置如何」といった実戦的な教育はできないのである。

学生と教官が目的意識を一にして、生きた題材を対象に自由なルールで、ともに真剣勝負に臨むとに教育の醍醐味がある。決して教授計画の内容を教条的に教えるようなものであってはならないのである。

実戦環境下での謀略訓練

一期生の日下部は自著の中で次のような訓練内容を紹介している。

一般の紳士としての立ち振る舞いを身につけるために、課外でのダンス、撞球《ビリヤード》、銀座の一流レストランでのテーブルマナー講習、赤坂や神楽坂での待合遊《まちあいあそ》びなどが奨励された。これは、軍人の身分を秘匿して一般人になるための実践的訓練である。

時には非合法もどきの謀略訓練が行なわれた。品川の軍需工場に守衛の目を盗んで忍び込んでその生産量を調べ、破壊するにはどの建物に爆発物を仕掛けるのが効果的かなどを調査した。また温泉客、釣り人、農夫などに身分欺騙して鬼怒川発電所に潜入し、実際に模擬爆薬を仕掛けたりもした。

一九三九年八月の卒業旅行では、ノモンハン事件が起こっている最中に、稲田中佐以下七人の教官に率いられた一八人の一期生たちが国境線の松花江を越えた向こう岸に潜入し、国境線の爆破を敢行した。（『決定版 陸軍中野学校実録』）

二期生の原田の自著では、中野学校一期生の学生が商人や会社員に変装して、陸軍省に潜入し、各部課の重要秘密書類を盗み取ることが行なわれた。

これは秋草が、秘密戦に関心の薄い陸軍の中堅幹部に防諜や秘密戦へのゆるい認識を改めさせるとともに、中野学校の必要性を認識させるために行なわせた。

秋草が陸軍省の中堅幹部の前で本来は金庫に収納すべき各部課の秘密重要書類を無言でテーブルの上で広げて見せたところ、責任者たちは愕然として、色を失ったという。

このように実戦に限りなく近い、ともすれば憲兵隊に逮捕される状況下での実地訓練が行なわれ、実技能力の向上と胆力の涵養が図られた。

今日でも実戦的な教育訓練をいかに作為するかは課題である。ただし、実戦的を追求するあまり非合法の訓練になってはならない。

その点で、対抗戦方式の演習、海外留学先での実戦的訓練はもちろん、中野学校流の「秘密戦の視点で万物を見る」という手法は大いに参考になる。

目的意識を明確にすれば、見慣れた街並みも変わって見える。そこに実践的な教育訓練のヒントがある。

自主錬磨の気概を養成する

一般軍隊では「百事、戦闘をもって基準とすべし」と定められているが、中野学校では「百事、秘密戦をもって基準とすべし」の鉄則にもとづき、秘密戦を基準として学校全体が動いていた。

中野教育の最もすぐれた点は、秘密戦という目的・目標を明確にし、そこに向けて自主錬磨の気概を養成した点にあったといえよう。

このことは、すでに選抜試験の時から始まっていた。

口頭試験で、ある学生は「いま歩いた階段は何歩か？」と質問された。これを読んで、筆者は名探偵シャーロック・ホームズを思い浮かべた。

ホームズが友人のワトスンに同じような質問をして、それに答えられないと、「君は見ているだけで、観察していない」と応じる場面がある。

要するに目的を意識しなければ、周囲の事物、事象、現象を正しく捉えることはできない。逆に目的意識を持てば見える風景も違ってくるということである。

秋草は「万物これ悉《ことごと》く我が師なり」を教育哲理としていた。

二期生の原田は「秋草さんが、ある日数名の学生をつれてデパートに行き、屋上から地階まで各階毎に一時間ほどずつ、一日がかりで、目ぼしい商品や設備について、その歴史、生産、良否の見分け方、使用法等を全部専門的に説明し、その上秘密戦的利用法まで得意の話術で解説して見せ、ヘトヘトになって帰って来た学生に、レポートの提出を命じた、などという秋草伝説がある。やはり『中野』のあらゆるものを教師とする、万能人への志向を物語るものであろう」（『風と雲と最後の課報将校』）と述べている。

偶然に知り合った人物、橋梁や工場、デパートの売り場、当日の新聞に載っている国際情勢、これらを秘密戦の〝生きている題材〟として、すべて秘密戦という目的意識から見れば、得られるものは多い。

中野学校では、万物を秘密戦という視点から見るだけでなく、思索するよう学生を指導した。学生たちは課業外でも自主的にそれを行なった。これが、詰め込み式教育の弊害を緩和していたと思われる。

要するには、秘密戦士にとって役立つと思えば、教育は形式にとらわれるべきではなく、学生が自由な発想で秘密戦士にとって何が必要であるかの答えを見つけ出すことが重要だということであろう。教官はその手伝いをしているにすぎないのである。

優秀な教官ほど多くのことを教え、そのような教官が高く評価される傾向がある。しかし、本当に優秀な教官は「教えすぎない」ことの重要性を認識し、学生の自主性を育てるのである。

太平洋戦争開始後の対応教育

占領地行政と宣伝業務

太平洋戦争開始後の教育について簡単に述べる。

占領地行政は秘密戦ではないが、特に陸軍省の要請があったので、二期生の卒業以降に教育課程の課目に組み込まれた。（１００頁参照）

中野学校ではいわゆる「異民族工作」といって、戦闘直後の現地住民を味方にする工作である。

また宣伝の教育が強化された。宣伝には広報宣伝と謀略宣伝に分けられ、前者は拡声器の使用方法、スローガンの作成、後者は敵への降伏勧告の伝単《ビラ》や放送などが教育された。

このように、わが国の南方進出が本格化することを予期して、諜報、宣伝、謀略、防諜の四つの秘密戦に加えて、占領地行政が新たに課目となり、戦場での宣伝のための教育が強化された。

占領地行政が加わったことで、中野学校の精神教育にアジア民族との共存共栄の道を模索する新たな要素が加わったのである。

このように中野学校に求められるものは、国際情勢の趨勢とわが国の戦況によって変化したが、本校での秘密戦士としての教育課目に大きな変化はなかった。

遊撃戦教育への移行

中野学校が参謀本部直轄となった以降（中期）に入校した、陸士出身者の2乙の教育課目は、精神訓話、国体学、課報、謀略、謀略宣伝、広報宣伝、防課、政治戦、思想戦、経済戦、心理学、統計学、民族学、宗教学、戦史、戦術、航空学、海事学、気象学、潜行法、破壊法、候察法、表現法、通信、獲得法となっている。

同時期に行なわれた幹部候補生出身の丙種学生は、さらに兵器学、交通学、築城学、地形学など、乙種学生が陸軍士官学校で履修した課目が加わる。

中期からは外地での遊撃戦教育が重視されるようになり、遊撃戦に必要な基礎知識として民族学、宗教学、実科として潜行法、破壊法、候察法、表現法、通信、獲得法が加わった。

2乙出身の桑原嶽によれば、課報、宣伝、謀略、防課、占領地行政の五つが主要課目であり、これらを秘密戦基礎学と呼称していた。ここでの宣伝は謀略宣伝である。さらに秘密戦補助学として政治戦、思想戦、経済戦、広報宣伝などがあった。

実科では課報員となって国境を越えて潜入するための潜行法、後述する候察法、各種軍事・民間施設を破壊する破壊法、宣伝ビラの絵や文字を書いたりする表現法などが教育された。

一期生、二期生の教育課目よりもさらに多岐にわたり、これを一年間で履修するのであるから、校外研修などの時間を切り詰めたとしても相当に密な教育であった。

他方、三か月で秘密戦士を養成する二俣分校の教育課目について言及すれば、謀略候察、潜行、偽編、破壊、宣伝、防諜、兵器学、交通学、兵要地誌、占領地行政が主で、術科は体操、剣道、拳銃射撃、空手で、国体学、民族学、統計学も教育された。

遊撃戦の基礎となる候察法

候察法とは、たとえば工場を見て、この工場にはどのくらいの生産力があるか、港湾を見て、荷役能力はどのくらいか、船舶を見てそのトン数がどのくらいか、などを判断する教育である。

桑原によれば、次のような教育であった。

「これは稲田兵技中佐という方が教官でしたが、この人が独特の候察法という公式を作っていて、一つの工場を見て、工場の面積がわかればだいたいその建物の面積がわかる。建物の面積がわかれば工作機械の数がわかる。工作機械がわかれば、だいたい生産生産能力がわかるという式に公式をたくさんつくっているのです。われわれはインチキだインチキだと言っていたのですが、本人はまじめに公式集のようなものをつくって学生に見せて、これでやれば、ピタリ当たるのだといって、われわれに実習をさせるのです。

東京の下町の工場へ行って候察法の実習もさせられたのですが、私はどうもインチキだと思うのですが、その先生は自分の公式を使わせて、われわれは私服を着てコッソリ、外周を歩測によって、工場の面積を測るのです。

工場の面積がわかればあとは先生のつくった公式集を使って潜在能力が出るということになるのです。そういう実習をしてから、その工場のなかに行くのです。

当時、参謀本部から来たということで、すぐ応接室に通されて、社長が出てきていろいろと説明してくれるのです。

そうすると、不思議にその公式集をまじめに利用したのが当たるわけです。

そうすると教官が、どうだおれの公式は当たるだろうといいますが、どうもわれわれは、はなからそれに合うように公式をつくっているのではないかといって議論したものです」(『風濤──一軍人の軌跡』)

真実は桑原の見立てどおりであったのかもしれないが、筆者はこの事例から「フェルミの推定」を想起する。これは、原子爆弾の開発で中心的な役割を果たしたイタリア系米国人の物理学者でノーベル賞を受賞したエリンコ・フェルミに関するエピソードである。

彼は「シカゴには何人のピアノの調律師がいるか?」という質問を、「シカゴでは一年間に調律師の仕事がどれだけあるか?」「一人の調律師は年間、何台のピアノを調律できるか?」という質問に分解し、シカゴの人口(三〇〇万人)→総世帯数(一世帯平均三人として一〇〇万世帯)→ピアノの台数(一〇世帯に一台所有していると推測して一〇万台)→年間の調律の回数(年一回調律するとして一〇万件)→調律師が一日に調律できる台数は三台と推測し、年間二五〇日働くとして、七五〇台のピアノを調律→ピアノ一〇万台割る七五〇で、シカゴの調律師の数は約一三〇人というように統計資料から妥当性という尺度を突き合わせて推測していくのである。

情報とは表面に現れているものばかりではない。一片の事象からその背後にあるものを想像して、創造的に判断することが重要である。

潜行法、破壊法などと連接する候察法の中に、中野学校が重視した「諜報・謀略の科学化」の一端が表れているように感じられる。

以上からいえることは、教育内容も戦時即応に重点が置かれるようになったが、中野本校では秘密戦士としての基礎的な知識・技能教育はしっかり行なわれたということである。

中野学校の問題

情報理論教育は不十分

当時、中野学校では思考力を重視した先進的かつ実践的な教育が行なわれたことは評価できるが、いくつかの問題もあったとみられる。

以下、主要なものは第一に情報理論の教育に関する事項である。

あらゆる活動において理論と実践は両輪で、秘密戦もその例外ではない。相手側に宣伝・謀略を仕掛ける、あるいは敵の諜報・謀略を防諜するには、周囲の状況や国際情勢の判断が不可欠である。

そのため、真偽が混在する雑多の情報（インフォメーション）から真実の情報を選別して、そこからインテリジェンスを作成しなければならない。

旧陸軍将校で、戦後に陸上自衛隊に入隊して米軍のマニュアル「Military Intelligence」をもとに陸上自衛隊の「作戦情報」教範を作成した松本重夫は、旧軍の情報に関する基本理論の未確立を次のように嘆いた。

「私が初めて米軍の『情報教範（マニュアル）』と『小部隊の情報（連隊レベル以下のマニュアル）』を見て、いかに論理的、学問的に出来上がっているものかを知り、驚き入った覚えがある。それに比べて、旧軍でいうところの〝情報〟というものは、単に先輩から徒弟職的に引き継がれていたもの程度にすぎなかった。私にとって『情報学』または『情報理論』と呼ばれるものとの出会いはこれが最初だった」（『自衛隊「影の部隊」情報戦秘録』）

ここで松本が主張する「情報理論」とはインフォメーションからインテリジェンスへの転換過程（インテリジェンス・サイクル）を指す。情勢判断を誤らないために、この過程は複数ある情報の基本理論の中で最も重要なものといってよい。

米軍では「インフォメーション」と「インテリジェンス」を明確に区分している。自衛隊の作戦情報でも、インフォメーションを情報資料、インテリジェンスを情報として区別している。

「インフォメーション」とは、いわば「生の情報」であり、誤情報や偽情報（ディスインフォメーション）が混じっている。だから、これらを直接に利用するのではなく、不純物を除去して精製し、政策判断や行動方針の決定に役立つ「インテリジェンス」に転換しなければならない。この精製過程をインテリジェンス・サイクルという。

今日の各国情報機関は「インテリジェンス・サイクル」を確立し、これにもとづいて情報活動を行なっている。

自衛隊では、①収集努力の指向、②情報資料の収集、③情報資料の処理、④情報の使用の四つの過程からなる。松本は「情報資料と情報を峻別することが重要である。情報資料を情報に転換する処理は、記録、評価、判定からなり、いかに貴重な情報資料であっても、その処理を誤れば何らその価値を発揮しない」と述べている。（『自衛隊「影の部隊」情報戦秘録』）

松本が指摘するように旧陸軍には情報の基本理論は本当になかったのか。「インテリジェンス・サイクル」の肝となる、③の情報資料の処理についてみてみよう。

『諜報宣伝勤務指針』では「敵国、敵軍そのほか探知せんとする事物に関する情報の蒐集《しゅうしゅう》、査覈《さかく》、判断並びに、これが伝達普及に任ずる一切の業務を情報勤務と総称し……」とある。

この「査覈」が『作戦要務令』の「審査」、自衛隊用語の「処理」に相当する。

『諜報宣伝勤務指針』や『作戦要務令』の両教範では、「処理が記録、評価、判定からなる」などの点こそ不明瞭ではあるが、『諜報宣伝勤務指針』での査覈や『作戦要務令』での審査に関する記述は、今日の陸上自衛隊の教範にくらべても遜色はない。(※)つまり、当時の両教範に規定される個々の条文を熟読玩味すれば、情報資料（生情報）から情報へ転換（処理）する基本理論は理解できたであろう。

しかし、小谷賢氏は次のように述べる。

「……さらに問題は、生の情報や、加工された情報の流れが理路整然としておらず、いきなり生情報が報告されることもあった。これは情報部が生情報や、加工された情報の流れをコントロールできていなかったことに起因する。（中略）恐らく当時、『情報』を『インテリジェンス』の意味で捉えていたのは、陸海軍の情報部だけであった。情報部にとっての『情報』とは分析、加工された後の情報のことである。しかし作戦部などから見た場合、『情報』とは『インフォメーション』であり、生情報のことであった。彼らに言わせれば、情報部はデータの類を集めて持ってくれば良いのである。そして作戦部が作戦立案のためにそれらのデータを取捨選択すれば良かった。すなわち作戦部と情報部の対立の根源は、『情報』という概念をどのように解釈するかであり、双方が対立した場合、力関係から作戦部の意見が通るのは当然であった」（『日本軍のインテリジェンス』）

小谷氏によれば、戦場では生情報をほかの人的情報（ヒューミント）や文書情報（ドキュメント）と照合してインテリジェンスを生成するということが行なわれておらず、偽情報かもしれない生情報の垂れ流しという状況であった。

そして、情報部は情報処理の必要性を理解していたが、作戦部での情報に対する無知と、そこから派生する情報部の軽視が問題であったことを指摘している。

しかし、後述するような中野学校の教育でも情報の処理要領がしっかり教育され、生情報とインテリジェンスを峻別して理解させた形跡はない。

（※）『諜報宣伝勤務指針』では第三節「情報の査覈、判断」で計八カ条の条文を規定している。

秘密保全が情報教育を制約

乙I長期（二期生）の平館勝治によれば、二期生の教育では参謀本部第八課から中野学校に派遣された教官が『諜報宣伝勤務指針』を携行して教育を行なっていた。

戦後、平館は次のように語っている。

「私が一九五二年七月に警察予備隊（後の自衛隊）に入って、米軍将校から彼等の情報マニュアル（入隊一か月位の新兵に情報教育をする一般教科書）で情報教育を受けました。その時、彼等の情報処理の要領が、私が中野学校で習った情報の査覈と非常によく似ていました。

ただ、彼等のやり方は五段階法を導入し論理的に情報を分析し評価判定し利用する方法をとっていました。それを聞いて、不思議な思いをしながらも情報の原則などというものは万国共通のものなんだな、とひとり合点していましたが、第四報で報告した河辺正三大将のお話を知り、はじめて謎がとけると共に愕然としました。

ドイツは河辺少佐に種本（筆者注、『諜報宣伝勤務指針』の元資料とみられる）をくれると同時に、米国にも同じ物をくれていたと想像されたからです。しかも、米国はこの種本に改良工夫を加え、広く一般兵にまで情報教育をしていたのに反し、日本はその種本に何等改良を加えることもなく、秘密だ、秘密だといって後生大事にしまいこみ、なるべく見せないようにしていました。

この種本を基にして、われわれは中野学校で情報教育を受けたのですが、敵はすでに我々の教育と同等以上の教育をしていたものと察せられ、戦は開戦前から勝敗がついていたようなものであったと感じました」（『「諜報宣伝勤務指針」の解説』二〇一二年一二月二二日、http://www.npointelligence.com/NPO-Intelligence/study/pic107.pdf）

平館によれば、指針は「極秘」だったので学生が自由に閲覧する、ましてや書き写して自習用に活用するなどはできなかった。

話は日露戦争前にさかのぼる。一八九七（明治三〇）年、米国に留学した秋山真之大尉は、米国海軍では指揮官の末端のクラスまで作戦理解の徹底が図られていることに感嘆した。

一九〇二年、留学から帰国した秋山は海軍大学校の教官に就任したが、艦長クラスが基本的な戦術を理解していないことに驚いたという。なぜなら、秘密保持の観点から、戦術は一部の指揮官、幕僚にしか知らされなかったからである。

そこで秋山は「有益なる技術上の智識が敵に遺漏するを恐るるよりは、むしろその智識が味方全般に普及・応用されざることを憂うる次第に御座候《ござそうろう》」との悲痛の手紙を上官にしたためた。

前述の平館によれば、昭和の軍隊になっても、何もかも秘密にする風潮は改められなかった。他方、米国は種本とみられるドイツの教本に改良・工夫を加え、広く下級兵にまで普及できる情報の処理要領を確立していった。一方のわが国は秘密戦士を養成する中野学校でさえ、形式的な秘密主義に拘泥し、教えるべき事項の出し惜しみがあった。

当時の陸軍上層部の形式主義により、中野学校の情報教育に『諜報宣伝勤務指針』が十分に反映されなかったことは〝宝の持ち腐れ〟であった。

形式的な秘密主義が「インテリジェンス・リテラシー」の向上を妨げているという点は、今日も改善すべき重要課題なのである。

軍事知識の欠如

中野学校の主体となる甲種幹部候補生・予備士出身者は、陸軍幼年学校、陸士出身者に比べて軍事知識、軍事常識、軍事的な評価尺度の面で圧倒的に劣っていた。いかに思考力が柔軟で、国際情勢に詳しくても、軍隊社会では軍事知識、軍事常識がものをいう。

昭和の戦争を振り返り、「作戦部が情報部を軽視する風潮があった」とするが、この傾向は日露戦争当時からあった。つまり、その根底には情報部の軍事知識などの欠如という問題があったのである。

作家の谷光太郎《たにみつたろう》氏は次のように述べる。

「明治の陸軍にも問題がなかった訳ではなく、後の日本軍の通弊となった作戦参謀の独断も生じ始めていた。その一例は松川敏胤作戦参謀による指導から生じた。明治三八年一月の黒溝台の苦戦である。酷寒の時期で、しかも吹雪により視界が悪い。よもやロシア軍が攻勢を取ることはあるまい、と松川作戦参謀は情報参謀の意見を採り上げず、自己の狭い体験から敵の行動を予測したのだった。このため日本軍は奇襲を受ける形となり、あわや敗退という大苦戦となった」（『情報敗戦――太平洋戦史に見る組織と情報戦略』）

大江志乃夫は自著『日本の参謀本部』の中で、谷壽夫『機密日露戦史』を一次資料に用いて、日露戦争において作戦部が情報部を軽視して独自の情報活動を行なったことや、情報部が謀略に没頭したことを問題点として指摘した。しかも、その根本原因が情報部の軍事知識の欠如と戦術的判断の拙劣さに由来しているとの分析を下した。

戦場では情報部による広範な諜報活動と、作戦部が第一線部隊の斥候などを活用して情報を収集すること（当時はこれを捜索と呼称）が並列して行なわれることは当然である。作戦部から情報活動を排除することがあってはならない。

ただし、獲得した生情報を総合的に処理し、インテリジェンスを作成して統帥部に提供することは情報部の役割である。

インテリジェンスの正確性を高めるため、情報部には軍事のみならず政治、経済などの総合的な知識、分析および判断力が求められる。戦略情報、政策情報という上位の情報になればなるほど経験に裏打ちされた情報部の知識や技能が物をいう。

他方で作戦部が収集した情報を批判的に処理できるだけの軍事知識が情報部には必要不可欠であり、この点が問題なのである。

じつは、軍事知識などの欠如は、今日の各国情報組織や軍事組織内の情報部署が抱えている共通の問題なのである。

中野教育の特徴

中野学校の教育の特徴を整理しておこう。

第一に、秘密戦の特性上、単独での判断が必要となる状況が予測されるため、教育の主眼は幅広い知識の付与と新たな事態に応じた応用力の涵養にあった。下士官学生は別として、将校学生では二期生の原田が言うようにあまり技術教育は重視されなかったのである。

それよりも自ら問題意識をもって、問題設定を行ない、答えを案出する教育が実施された。幅広い知識教育はそのための基礎と位置づけられよう。

とくに一期生および二期生は、誰も明確な定義ができない秘密戦のパイオニアとして、自ら答えを出さなければならなかった。

それゆえに自由闊達な教育が尊重され、自ら答えを導き出す創造力と判断力、それを実行に移す決断力の養成が重視されたのである。

第二に、実戦的教育の追求である。秋草の「万物これ悉く我が師なり」の教育哲理のもとで、課業外の外出も教育の一環であった。（144頁参照）

前述したように参謀本部や工場に侵入したり、実際に謀略演習が実施された。教育環境を限りなく実戦に近づけることが意識されたのである。

また海外勤務を経て参謀本部に配属された実戦経験のある校外教官が多数招聘された。

第三に、精神教育の重視である。精神教育こそは中野学校が最も重視した教育であった。中野出身者の多くが戦後に「最も印象が強かった」「影響を受けた」と回顧したのが精神教育である。

これについては、次章で詳しく述べる。

第6章　なぜ精神教育を重視したか

「秘密戦士」としての精神

名利を求めない精神の涵養

一九四一年一〇月、中野学校が参謀本部直轄となり、教育、研究体制が整備された時点で秘密戦士の精神綱領が次のように示された。

「秘密戦士の精神とは、尽忠報国の至誠に発する軍人精神にして、居常《きょじょう》積極敢闘、細心剛胆、克《よ》く責任を重んじ、苦難に堪え、環境に眠《なず》まず（筆者注、環境に流されず）、名利を忘れ、只管《ひたすら》天業《てんぎょう》恢弘《かいこう》の礎石たるに安んじ、以て悠久の大義に生くるに在り」（『陸軍中野学校』校史）

伊藤貞利はこの精神綱領を次のように解説する。

「精神綱領による秘密戦士の精神とは君国に恩返しをするために私心をなくして命を捧げるという『まごころ』から出る軍人精神である。常日頃、ことを行うにあたっては積極的に勇敢に、こまかく心をくばると同時に大胆に、責任を重んじ、苦難にたえ、自主性を堅持し、物心の欲望を捨て去り、ひたすら世界人類がそれぞれ自由に幸せに生きることができる世界をつくるという天業を押し広める土台石となることに満足し、たとえ自分の肉体は滅びても、精神は普遍的な大きな道義の実現を通して悠久に生きるということである」（『中野学校の秘密戦』）

太平洋戦争の中期以降、中野学校の教育は秘密戦士から遊撃戦士の育成に大きく舵を切ることになる。しかし、「秘密戦士として名利を求めない」という一期生の精神は代々受け継がれ、中野教育の伝統になった。

秘密戦も遊撃戦も突き詰めれば孤独な戦いであり、人間の真心の交流という精神要素が求められる。

軍人には命を賭《と》して国家・民族の自主自立を守るという崇高な使命があり、それにふさわしい栄誉が与えられる。しかし、秘密戦士には軍人としての栄誉は与えられない。任務の特性上、その功績を表に出せず、時として犯罪者の汚名を着せられ、ひそかに抹殺される可能性すらある。

さらに中野出身者には「外地に土着し、骨を埋める」ことが求められた。残置諜者として親の死に目にも遭えず、自身も人知れずに死んでいく運命にあった。

秘密戦士を本分とする中野出身者には精神綱領で謳われる「環境に眠まず、名利を忘れ」の精神が重視されたのである。

戦争末期の8丙が受けた精神教育の大綱は「一、謀略は誠なり」「二、諜者は死なず」「三、石炭殻の如くに」の三つに示される。（『陸軍中野学校』校史）

まさに「石炭殻の如く」人知れず「悠久の大義」に生きることが、中野出身者に求められ、そのための教育が行なわれた。

生きて生き抜いて任務を果たす

中野学校では秘密戦士としての精神教育に重点が置かれたが、その特徴は一般軍人よりも生に対する執着が求められた点にある。すなわち、死生観から来るものではなく、使命感から生じる現実の要請であった。

江戸時代、山鹿素行の士道を「上方風のつけあがりたる武士道」と批判する『葉隠《はがくれ》』がある。これは、一七一六年頃、佐賀鍋島藩士の山本常長が言い伝えたものを、同藩士の田代陣基が書き残したものとされる。

その中に「武士道と云《いう》は死ぬ事と見つけたり」という文言があるが、中野学校では任務を完了するまで死んではならないと教えた。

一期生に忍術を講義した藤田西湖は次のように語ったという。
「武士道では、死ということを、はなはだりっぱなものにうたいあげている。しかし、忍者の道では、死は卑怯な行為とされている。死んでしまえば、苦しみも悩みもいっさいなくなって、これほど安楽なことはないが、忍者はどんな苦しみをも乗り越えて生き抜く。足を切られ、手を切られ、舌を抜かれ、目をえぐり取られても、まだ心臓が動いているうちは、ころげてでも敵陣から逃げ帰って、味方に情報を報告する。生きて生きて生き抜いて任務を果たす。それが忍者の道だ」(『秘録 陸軍中野学校』)
このように、秘密戦士には一般軍人よりもさらに厳しい精神性が要求されたのである。

自立心の涵養(二期生、原田の述懐)

二期生の原田統吉は、『歴史と人物』昭和四九年五月号に「私の受けた中野学校の精神教育」という記事を寄稿している。そこから注目すべき部分を抜粋する。
秋草さんは、そのころ実質上の中野学校の指導者でしたが、早くから、われわれが天皇絶対主義のとりこになって、柔軟な思考を失うことを警戒していたらしく、「われわれは天皇のために、死を、あるいは死以上のものを覚悟して、秘密戦を闘うのではない。やはり、本気で考えねばならないのは、民族ということであろう」というようなことを折にふれて、はっきりと口に出し、われわれに意見を求めて、思う存分喋らしたりしたものです。しかし彼は決してそれを押しつけることはありませんでした。〈それでも天皇のための秘密戦だ〉と思うものはそれもよし、〈民族でなく国家だ〉と思うものはそれもよし……ともかくなんのために死ねるか、自らのこととして自らで決めろ、アドバイスはするが強制はしない、ただ〈秘密戦に死ぬ〉覚悟の出来ない者は退学も認めよう、それがないものはこの道では物の用に立たないし、自らも不幸であり、今から育てあげなければならない日本の秘密戦組織全体の致命的な敗因となるかもしれない、——というのが彼の基本的な姿勢のように私には思えました。(中略)

中野学校は秘密戦の教場です。秘密戦は、以上述べたような、柔軟で正確に事物を見ることのできる精神だけで成り立つものでありません。一方では強靭な秘密戦独特の戦う精神に支えられていなければならないのです。それは、たとえば「生きて虜囚の辱めを受けず」という戦陣訓の言葉を地上白昼の正規戦争の戒律だとすれば、秘密戦の戒律はちょうどそれを裏返したものだと考えていいでしょう。「生きろ、あくまでも生きて戦え、虜囚となろうとも生きて戦いの機会を狙え、恥を恐れるな、裏切者の汚名を着たまま野垂れ死することさえも甘受して、真の大目的のために戦い尽くせ、手がなくなれば足で、眼がなくなれば歯で……命尽きるまでは戦え」というふうに言っても言いつくせないような〈強靭な戦いの精神〉が要求されている

のです。（中略）

〈中野学校の精神〉というものがもしあるとすれば、そのほとんどは〈秘密戦〉ということに由来しているとしか私には考えようがありません。

秘密戦の重さを、論理と現実と実感とで知ること（それが真に〈知る〉ということでしょう）がすべての根本にあります。（中略）

中野学校の創立期において確立された、精神の理念は、「徹底的に強靭な戦いの思想」と「曇りなき目を持った自由で柔軟な精神」とのバランスにあったと言うことができましょう。そして、それを支えたものは「無私の精神」であり、それにともなう「世俗的価値観の転換」であったと言えそうです。

私の実感から言えば、特に中野における最高の美徳は「無私」であり、すべてがその上に築かれていたと言っても言い過ぎではない気がします。

無心・虚心・私心を去る——要するに無私は、ある意味で非常に日本的な、一つの人間完成のシステムです。戦後三十年このシステムは軽蔑されつづけて来たようです。（中略）

創立者たちの期待のようにわれわれが育ったかどうか、其の後の中野学校がどのように変化したか、しなかったか、私にはなんとも言えません。ただ、一般に言われているように、中野学校の教育が良かれ悪しかれ、強烈な効果をあげ得たとすれば、以上述べた〈私の受けた教育〉から類推できるように、方法論的には、①押しつけよりも〈暗示〉、②強制よりも〈自己開発〉、③叱責よりも〈信頼〉、④平戦両時を問わない〈敵および戦いの想定〉、⑤〈秘密〉による緊張感の持続、そして⑥拓くものとしての〈誇りと責任感〉、などを挙げることができましょう。

創立者の一人で、二代目の学校幹事だった福本さんは、「勝手気ままにさせておいて『地位も名誉も金もいらない。国と民族のために捨て石になる覚悟』だけをもたせるよう指導した」と言っています。

精神教育の受け取り方は各個人の感受性によって違う。しかも彼らへの精神教育は決して、画一的な押しつけではなかった。

二〇代前半の原田を、国家と民族への「無私の精神」という境地に駆り立てたことは、当時の特殊な時代環境の影響もあったが、中野教育の本質を見る思いがする。

楠公社と楠公精神

精神教育は学生隊長や訓育主任などによる「精神訓話」と「国体学」に分けられるが、主体は国体学である。その国体学とは、わが国の由緒正しい国家の体制を歴史的に考察する学問である。

一期生から国体学の授業は行なわれたが、二期生の途中からは吉原政巳教官が中野学校に赴任し、一九四五年八月に富岡で閉校になるまで本校での国体学の教育に携わった。

「楠公社」の設立

吉原は陸軍士官学校生の時に五・一五事件に連座して収監され、出獄して東大に入り、当時軍内部から崇拝されていた平泉澄《ひらいずみきよし》の門下生になる。平泉は歴史学者であり、国体護持のための歴史を生涯にわたって説き続けた。

吉原は中野学校に来てくれないかとして勧誘された時、二九歳であった。自身の未熟さを自覚したうえで中野学校の秀英を国士として養成する任務の重さを認識した吉原は、教育を引き受けるうえで、楠木正成を秘密戦士の精神的理想像として、以下の提案を行なった。

一、楠公社《なんこうしゃ》を建て、朝夕ここに詣《もう》で、楠公の忠誠を偲《しのぶ》と共に、自分の魂を省察点検できるようにする。

二、記念館（室）を設け、明治以来の先輩、秘密戦士の遺品・遺影、その他の関係資料を掲げて、ここを講堂にあてる。

三、単に講堂の授業で終わらず、国事に殪《たお》れた先烈の士の遺跡を訪ね、現地で精神的結晶の総仕上げを試みる。（吉原政巳『中野学校教育―教官の回想』）

以上の三つは、学校当局の賛同を得て、関係者の並々ならぬ努力の結果、予算化され、完全実施の運びとなった。学校当局者が楠公社の設立許可を陸軍省から得て、正成が祀られている湊川神社から分霊《わけみたま》が運ばれ、学内に公社が建立された。

楠公社建立の願意は、次のとおりであった。

一、醇乎《じゅんこ》（混じりけのない）たる日本人の代表としての楠公を祀り、日夜その遺烈を慕い学ぶ。

二、うぶすなの神（生まれた土地を守護する神）とし、われ等が魂の誕生を告げ、且つ生涯に亙《わた》って、ここに魂のふるさとを持つ。

三、中野学校卒業戦没殉職者を配祀し、永くこれら英霊との語らいを続け、遺烈を継承する。

四、奇策縦横の楠公の智謀を学ぶべし、大敵・大軍にたじろがぬ不適の大勇学ぶべし、そしてそれらが由《よ》って発する所の、至忠至純の精神に、最も学ぶべし。

こうして楠公社が建立され、同公社と記念室が中野学校生の精神修養の場となるのであった。

記念室での正座と座禅

記念室には過去の戦争で殉死した先覚の遺影をかかげられ、彼らの遺品が展示されていた。日清・日露戦争時に大陸で秘密戦に従事した荒尾精、根津一、岸田吟香、浦敬一、菅沼貞風、沖禎介、横川省三のほか、中野学校での秘密戦士の理想とされた明石元二郎などである。

図書室には数多くの関係図書が揃えられていた。民間有志の奮起や東亜同文会の活躍を描いた『東亜先覚志士記伝』、日露戦争時の『明石元二郎伝』、菅沼貞風の『新日本図南之夢』などがよく閲覧された。

記念室は畳敷きで、学生たちはそれぞれ小さな机に向かって、座布団なしで正座し、国体学を受講した。吉田松陰が塾生に講義するスタイルがとられたのである。

吉原は「自分は和服だし正座は慣れていたが、学生諸氏は窮屈な背広を着用し、若くて張り切った大腿であったから、不慣れな正座は苦痛そのものであったろう」との感想を述べている。

そのうえで、「私は、何の躊躇もなく正座を要求した。正座の苦痛のために、私の講義が耳に入らないこともあるのは、十分考えられることであったが、それでもあえて正座講義を行った。人間の意志伝達は、耳や眼など以上に、体全体で受け入れる方が大事と信じて疑わなかったからである」と吉原は述べている。

二期生は夏休みを利用して、自主的に三浦半島の禅寺で一週間の座禅を研修し、精神修養に大きな成果があったという。（『颪と雲と最後の諜報将校』）

人間は易きに流れるものである。決して強要であってはならないが、正座は精神修養の手段としては適切であったと思われる。

楠公精神を学ぶ

吉原が活用した国体学の教材には、吉田松陰の『講孟箚記《こうもうさつき》』、南北朝時代で北畠親房が記した『神皇正統記』、江戸時代で日本固有の儒学を確立した山崎闇斎の『崎門学《きもんがく》』、儒学者・山鹿素行の『中朝事実』、水戸藩の藤田東湖の『弘道館記述義』などがある。

また、学生の卒業に際しては、先烈の遺跡を訪れる「国体学現地演習」が行なわれた。この研修では、吉野、笠置、赤坂、千早、湊川、鎌倉などの楠木正成のゆかりの地、幕末の水戸藩の史跡、吉田松陰が獄中生活を送った伝馬町獄跡や松陰の墓がある小塚原回向院《えこういん》など、幕末志士たちに関係の深い場所を訪ねて国事に殉ずる精神の陶冶《とうや》が図られた。

ここで、楠木正成について言及しておこう。

正成は後醍醐天皇に仕え、鎌倉時代末期の「建武の新政」に貢献した天才武将として知られる。

正成は「悪党」と呼ばれる水と道路を管理する土豪の出身であった。そのような身分の者が天皇に仕え、「建武の新政」という偉業を成し遂げたことから、たちまち英雄伝説は生まれた。

正成の死後からわずか三五年後に著された『太平記』の中で、正成はすでに智略あふれる英雄として描かれている。

『太平記』は正史ではなく、根拠資料にも難があるといわれる。しかし、「虚実を超えた真ともいうべきものを、強く人に訴えてやまない書であり、当時の公卿から武士、庶民にいたるまで、広く読まれて、日本人の心の中に、深く影響を残してゆくのである」（吉原政巳『中野学校教育　一教官の回想』）

足利尊氏は正成の死を悼み、勇士として称賛を惜しまなかった。これは、足利方の視点で書かれた歴史物語『梅松論』に記されている話である。

その後も正成の人気は衰え知らず、約百年後の一四六七年には『太平記評判』が著され、正成は兵法の神として国民の間に尊敬を高めていった。

戦国時代に羽柴秀吉の軍師として活躍した竹中半兵衛を評するのに、「昔楠木、今竹中」などという言葉も残されている。

江戸時代には「水戸のご老公」こと水戸光圀《みつくに》が『太平記』を参考に『大日本史』を著述するが、同著では正成が武士の鑑《かがみ》としてもてはやされた。光圀は一六九二（元禄五）年一二月、正成の墓があった湊川に墓碑（楠公碑）を建立した。碑面に自筆揮毫で「嗚呼《ああ》忠臣楠子《なんし》之墓」と刻んでいる。

水戸藩の学問「水戸学」を通して藩内には楠公精神が広まるが、その中心人物が藤田幽谷《ゆうこく》（一七七四～一八二六年）、会沢正志斎《あいざわせいしさい》（一七八二～一八六三年）、藤田東湖《とうこ》（一八〇六～五五年、幽谷の息子）であった。

明治以降、正成は「大楠公《だいなんこう》」と称され、歴史的英傑の中でも正成の人気は絶大であった。一八七六（明治九）年、正成の忠誠心に感銘を受けた駐日英国大使ハリー・パークスが、桜井の地に建立された記念碑に英文の碑文を寄せた。

吉田松陰や伊藤博文を含む多くの志士が正成の墓碑を訪れた。伊藤は正成を祀る湊川神社の建立（一八七二年）に力を尽くした。一八八〇（明治一三）年の明治天皇御幸の際、正成に正一位が追贈《ついぞう》された。

次に教材と楠公精神との関係について述べる。

『講孟箚記』は、松陰が米国に密航しようとして捕まり、投獄された野山獄と杉家幽室で幽囚の身であった時、四人や親戚とともに孟子を講読した読後感などをまとめたものである。

建武の新政で後醍醐天皇を助けたのは由緒ある出自の源氏や平氏ではなく、孟子がいう「草莽之臣《そうもうのしん》」であった。その代表的人物が正成であった。だからこそ『講孟箚記』が国体学の教材に選ばれたのである。

北畠の『神皇正統記』では、南朝と北朝に天皇がそれぞれ並び立つ一四世紀の南北朝時代で、正成が終生忠誠を貫いた南朝の後醍醐天皇を正統とする立場をとった。

山崎の『崎門学』は『神皇正統記』と同様に尊王攘夷の思想を説くものであり、この源流には正成の後醍醐天皇に対する永遠に変わらぬ忠誠の心があった。

なお、水戸光圀が歴代天皇を扱った歴史書『大日本史』では『神皇正統記』に正統性を与えた。

幕末になり、「水戸学」の大家である藤田東湖の『弘道館記述義』に影響された水戸藩士は尊王攘夷を掲げ、幕府の大老、井伊直弼《なおすけ》を襲撃した（桜田門外の変）。これも楠公精神が心の支柱になったといえる。

このように時代を超えたヒーローである楠木正成の精神の伝承を学ぶことが国体学の柱であったのである。

秘密戦士の「誠」

「誠」とは何か?

中野学校の精神教育では「誠」が重視された。国体学の教官であった吉原政巳は次のように述べる。

「防諜・諜報・宣伝・謀略などという、尋常でない工作だけに、これにたずさわる精神の純度が、問われるのである。不純な動機による権謀ほど、醜くして憎むべきものは無い。中野学校において、『秘密戦は誠なり』と強調されたのは、まことに当然のことであった」（『中野学校教育』）

「誠」は秘密戦士に限ったものではなく、軍人全体に求められる。軍人精神の本質は命を賭して使命に生きることにある。

「文民銭を愛し、武臣命を惜しめば国亡ぶ」という諺があるように、軍人には時として命を犠牲にすることが求められる。

これは戦争を究極とする軍事に従事する者である以上は当然のことである。今日の自衛官の服務の宣誓にも「……事に臨んでは危険を顧みず、身をもって責務の完遂に務め、もって国民の負託にこたえることを誓います」の一文がある。

他方、中野学校では私服で教育を受け、軍人とは思われない外見や動作が要求された。だから、「天皇陛下」と聞いても直立不動の姿勢をとってはならなかった。

しかし、軍人であることが否定されたわけではない。むしろ軍人精神の本質はしっかりと教育されたのである。

吉原政巳は次のように述べる。

「軍隊教育と中野教育とは、自《おの》ずから違う。卒業生の中には、中野の精神は、全く軍人のそれと違うのだ、といい切る人もある。事実、はじめに触れたように、両者その任務を異にしているのを、疑うことは出来ない。しかし深くその根源を思えば、両者その核心は同じなのである」（『中野学校教育』）

ここで吉原が「その核心」としているものが軍人勅諭における「誠の精神」である。

一八八二年に明治天皇から下賜された軍人勅諭では、忠節、礼儀、武勇、信義、質素の五箇条の徳目が述べられ、「右の五ヶ條は、軍人たらんもの暫《しばらく》も忽《ゆるがさ》にすべからず。さて之を行わんには一の誠心《まごころ》こそ大切なれ。抑此《そもそも》五ヶ條は我軍人の精神にして、一の誠心はまた五ヶ條の精神なり」（現代読みに筆者改め）とある。

ここには五箇条の徳目の最後の締めくくりとして「一つの誠心」が提示されている。つまり、誠は「精神のなかの精神、徳目ではなく、徳目を徳目たらしめるもの」、すなわち誠は一段上位の徳目である。

そのことは、明治の軍人の人格完成の目標は、明き・浄《きよ》き・直《なお》き・誠の心であり、明治天皇は軍人に勅諭を下し給い、忠節・礼儀・武勇・信義・質素の五徳を示し、この五徳は一誠に帰するとのたまわれたことからも理解できよう。

さらに吉原は次のように述べる。

「誠は、軍人勅諭をしめくくられた言葉であり、軍籍に身をおいた者には、忘れられぬ言葉であった。それは日本人伝統の、基本的心情が尊ぶものであり、真の日本人を目指すとき、手ごたえが確かに体認せらるべきものであった」（前掲書）

吉原は、真の軍人、そして真の日本人たるための修養を行なうことが、真の秘密戦士になるための基礎であり、その共通項が「誠」であると強調したのである。

民族解放の戦士となれ

秘密戦士としての「誠の精神」と、軍人に求められる「誠の精神」とはどこが違うのだろうか？

終戦時に中野学校の解散直前に富岡（本校）で卒業した8丙によれば、吉原が教えた中野学校での誠は、一般軍隊教育での誠とは、次の点が異なった。

「（軍人教育で行なわれた）『誠』の発露は天皇陛下に対してであり、拡大した場合でも日本国民が最大範囲であったと思われるのに対して、8丙が教えられた『誠』はその範囲が異民族まで拡大しており、一見『誠』とは正反対に考えられる謀略でも『誠』から発足したものでない限り真の成功はないと教えられた」（『陸軍中野学校』校史）

中野教育では秘密戦士になるとともに民族解放の戦士となれと教えられた。これは中野学校が前期さらに中期に至り、任務が「替わらざる武官」から遊撃戦士へと変化し、占領地行政などの課目が追加されたことと連動している。

つまり、時代の要請により、中野出身者にはアジア民族を植民地より解放し、その独立と繁栄を与えることが任務となった。このため、誠の範囲は異民族まで拡大する必要があった。

先の精神綱領に「只管天業恢弘の礎石たるに安んじ、以て悠久の大義に生くるに在り」とある。同じく『戦陣訓』には「死生を貫くものは崇高なる献身奉公の精神なり。生死を超越し一意任務の完遂に邁進すべし。身心一切の力を尽くし、従容として悠久の大義に生くることを悦びとすべし」とある。

ただし、『戦陣訓』での「悠久の大義」とはその対象を天皇に限定している。しかし、中野学校での「悠久の大義」とは数百年に及ぶ白人侵略から全アジアを解放して、アジア民族との共存共栄の道を模索することも包含していた。

アジア民族の解放を目的とする秘密戦は敵地、中立地帯の異民族の中に深く入って行なわなければならないので、かかる秘密戦を行なう者には高度かつ広範な知識技能に加えて「真の日本人」としての精神が必要なのである。

吉原は次のように述べる。

「……たとえば自分の人格が確立していないと、他の人格との真の交わりが不可能であるように、まず真の日本人となることが、風俗も信仰も異なる他民族と交わり、広く世界の人々に接するに、不可欠な基本姿勢だからである」(『中野学校教育』)

ここに吉原の教える国体学の真の意味があり、歴史を通じて真の日本人になることを要請したのである。こうした精神教育の成果の一端について、『陸軍中野学校』校史は次のように記している。

「中野学校出身者は、現地人への愛情と責任から、みずからの現地軍に身を投じる者すらあった。中野学校出身者がインド、ビルマ、タイ、アンナン、マレー、インドネシア等の住民と戦後も交流が続いているのも、戦時中に異民族に示した行為や愛情が心の底から『誠』から出たもので、決して一片の謀略や、一時的な工作手段から出たものでなかったことを実証して余りがあるのではないだろうか」

武士道と秘密戦との矛盾克服

誠の語は「マ（真）」と「コト（事・言）」からなっている。すなわち、「虚偽や偽りのないこと」である。

元来、中国の儒教で「誠」は用いられるようになった。儒教では、「仁、義、礼、智、信」の五つの徳目が強調され、これらの教えを行動として表したものが「誠」である。

この考え方を取り入れたのが「武士道」である。「武士に二言はない」が象徴するように、正直であって主君に忠誠を誓うことが美徳とされた。

この武士道は徳川幕府が封建体制を維持するためにおおいに利用された。たとえば武士道に憧れた幕末の新撰組が「誠」の字の紋章を背負って反幕府勢力の取り締まりを行なった。

江戸時代の忍者と武士道について次の件がある。

「……忍者だが、これも諸大名がかかえて諜報を集めるということになれば、幕府の弱点や痛いところをさぐられる心配がある。そこで、伊賀者・甲賀者の忍者をすべて幕府の直属として『お庭番』という組織をつくりあげる一方、御用学者に命じて『武士道』なるものを盛んにとなえさせた。つまり『内緒で人の欠点や弱点を探ることは、武士にあるまじき卑怯な行為である』とうたいあげたのである。

太平洋戦争の敗因をさぐる場合、日本の歴史家は、明治以前にさかのぼることを忘れているが、遠因はじつにこの徳川幕府の政策にあるのだ。幕府時代の武士道精神をそのままうけついだわが日本の軍隊は、諜報機関を卑怯なものとして、もっともそれが必要な陸軍大学にさえ、太平洋戦争がはじまるまで、諜報を教える課目はなかったのである」(『秘録 陸軍中野学校』)

要するに武士道によれば諜報、謀略は都合が悪いということになる。

しかし、武士道とは表層的な正直さのみをいうのではない。

江戸時代に儒学者・兵法家・道徳家の三つの顔を持つ山鹿素行(一六二二〜八五年)は「士道」を表した。

士道は太平天国の徳川時代で武士がいかに生きるべきか、すなわち武士の道徳的なあり方を説いたものである。

のちの軍人勅諭の五箇条の徳目（忠節、礼儀、武勇、信義、質素）と、誠はいずれも素行が提唱した士道が掲げる武士の規範にもとづいている。

では、その素行が説く「誠」とは何か？

素行は「已むことを得ざる、これを誠と謂う」（『聖教要録』）。つまり、素行によれば誠は抑えようにも抑えられない自然の情である。

さらに素行は次のようにいう。

「一般に世間では、律儀に信をたてることを『誠』だとばかり心得ているらしい。もちろん、うそをついて相手をだましたり、計略を用いたりするのは君子たる者の大いに嫌うところであり、それは勢いものごとを力づくでやろうとする傾向につながるのだから、王者の道とはいえない。だが、誠が深い場合には、偽ったとしても誠になることがあるのである」（田原嗣郎『山鹿素行』）

素行が意味するところは実に深い。つまり目的が正しければ、その手段がたとえ卑劣にみえようとも誠を逸脱しない。すなわち誠は目的絶対性の中にあるというのである。

吉原は山鹿素行の『中朝事実』などの書き物を精神教育の教材として用いた。

確かに、武士道の表層的な解釈では、諜報、謀略などの秘密戦に対する正統性はなかなか得られない。

そこで、吉原は素行の士道による真実の武士道を教示し、素行が主張する「誠」を強調することで秘密戦に対する正統性を付与したのであろう。

楠公精神はなぜ重視されたのか

最後に、中野学校で「なぜ楠公精神が重視されたのか?」について筆者の見解を整理する。

第一は、当時の国策に都合がよかったという面があろう。

明治政府は「尊王愛国」の精神を重視し、大正および昭和に至っても、明治維新に自らの活動の原点を置き、正成に理想像を求める軍人は多々いた。

中野学校創設後の一九四〇年には、映画『大楠公』で、正成、正行《まさつら》親子による天皇への忠誠が描かれた。戦局が厳しくなる中で政府は「映画報国」の方針のもとで国民精神の発揚を図った。

要するに、支那事変が泥沼化していた日本は国家総動員体制のもとで正成の「忠君愛国」の精神を国策に利用したのである。

このような状況から正成が精神教育の教材とされたのは、ある意味必然であったろう。

第二に、正成が秘密戦士として必要な知略を持った武将だからである。

正成は、「孫子」兵法を応用し、藁人形に甲冑を着せて敵の弓矢の攻撃的にする、敵が攻めてくると巨木や巨石をおとす、敵が城に通じる連絡橋を渡るとそれを焼却する、降伏を誘う弓矢を射るなど、智謀を駆使した謀略を展開した。

一三三二年の千早城の戦いでは、城に籠城する正成軍に対し、幕府軍は水源と兵糧を断つ戦術に出たが、兵糧が尽きたのは幕府軍のほうであった。じつは正成は城内に水源を確保し、城外の民衆に命じて幕府軍の兵糧を奪うように指示していた。

一三三三年の宇都宮公綱軍との戦いでは、正成は「戦わずして勝つ」を最善と考え、夜になると敵陣一帯を大量のかがり火で取り囲み、宇都宮軍に極度の緊張感を与え、撤退を余儀なくさせた。正成は民衆を動員して松明《たいまつ》に火を灯し、宇都宮軍に大軍に包囲されているという恐怖の幻影を与えた。

正成は民衆のネットワークを活用し、秘密戦に必要な情報収集と分析を駆使して「戦わずして勝つ」を実践したのである。

第三に、吉原政巳も主張するとおり、正成は秘密戦士の精神的理想像であったからである。

源義経や毛利元就、織田信長など知略を駆使し、優越する敵を撃破した名将はいるが、時代を隔てなお精神までもが伝承される人物は正成以外にはいない。

敵にも温かみのある正成の博愛精神や後醍醐天皇への忠義心が当時から国民感情を魅了した。

著名な歴史作家の童門冬二氏は「もしかすると今の若い人の中には、かつて楠木正成が英雄視されたのは、戦前の軍国教育の影響だと勘違いされている方もいるかもしれません。しかし、それは大きな誤解です。私が楠木正成に『ときめき』を覚えた際、軍国主義がどうのなど、まったく考えたこともありませんでした」（『歴史街道』二〇一二年一〇月、PHPオンライン衆知）と述べている。

楠公精神は軍国主義という国策で作り上げられたものではなく、民衆を魅了する力があった。これが、陸軍が秘密戦や遊撃戦により「アジア解放」という大義を成し遂げるうえでも必要であった。

学生は自主的に楠公精神を学び、これに培われた中野出身者は、現地人に人間愛をもって接し（223頁参照）、アジア解放という大義に「滅私奉公」の精神で臨んだのであろう。

次章では、秘密戦および遊撃戦の教育、そしてこれらの根幹ともいうべき精神教育を受けた中野出身者の卒業後の活動を紹介する。

中野出身者は二千人を超えている。そこには、それぞれの軍隊生活での多種多様な人間模様や壮絶な戦闘場面がある。ここに紹介するのは公刊資料で明らかになった特徴的な一部であり、「石炭殻」のごとく黙々と日本のために尽くし、異国の地で戦死した多くの中野出身者がいたことを忘れてはならない。

第7章　中野出身者の秘密戦活動

長期海外派遣任務の状況

第一期生の卒業後配置

一九三九年八月、国際情勢がさらに不透明性を帯びる中、第一期生一八人が卒業した。

彼らの当初配置は参謀本部第五課（ソ連情報）×五人（岡本道夫、宮川正之、猪俣甚弥、渡辺辰伊、扇貞夫）、同六課（欧米、南方情報）×四人（境勇、牧沢義夫、山本政義、阿部直義）、同七課（支那情報）×三人（日下部一郎、真井一郎、井崎喜代太）、国内防諜任務の陸軍省兵務局防衛課×二人（須賀通夫、杉本美義）、中野学校残留者×二人（丸崎義男、亀山六蔵）、このほか陸軍省防衛課付（越村勝治）、同盟通信ジャカルタ特派員（新穂智）となる。

彼らの海外任務の状況についても言及しよう。

牧沢義夫は、第六課米国班で見習い勤務を経て、コロンビア大使館（エクアドル兼任）に赴任した。反米感情の強い同国で、米国関連の情報をとることやパナマ運河の謀略研究が試みられたが、日米開戦で帰国した。

宮川正之は、第五課の見習い勤務を経て一九四〇年にドイツ大使館に赴任。四二年六月からポルトガルに赴任し、ドイツ、スペイン、ポルトガルを行き来した。欧州では第二次世界大戦が開始されていたので中立国での諜報活動に任じた。

亀山六蔵は、中野学校勤務を経てアフガニスタン（カブール）に赴任した。同国への派遣は、新疆地区に所在する反蔣介石派との情報連絡を確保する狙いがあった。

宮川以外の第五課要員は、猪俣甚弥が関東軍司令部に配属され、出張のかたちでハルビン特務機関長の下で活動した。のちに猪俣は関東軍情報部の本部第四班（諜報、謀略、資材）の諜報主任となり、関特演で創設された第一野戦情報隊の初代隊長を兼任し、その後、関東軍情報部特殊通信隊を創設し、その初代隊長に就任した。

渡辺辰伊は第五課勤務後、チタ領事館でソ連軍の軍事情報の収集などに従事した。

扇貞夫は第五課勤務後、関東軍司令部上海派遣機関長として派遣された。一九四二年に樺太で特務機関長補佐に就任した後、スマトラ・パレンバン特務機関長として勤務した。

支那派遣組では、第七課勤務後、日下部（久保田）一郎が北支那方面軍付に、真井一郎が駐満軍付に、井崎喜代太が中支那方面軍付として派遣された。

一九三九年九月、中支那方面軍は総軍になり、四五年六月まで中野出身者は「支那派遣軍総司令部付」を命じられた。

しかし、総軍新設と同時期に卒業した一期生（昭和二〇年以降の卒業である二俣二期生も同様）は、そのまま各方面軍付となり、その後、総司令部付となった。

中国戦線が拡大しつつあったことから、日下部、井崎、真井の三人は参謀本部付の研究員として派遣するか、現地軍付とするかが論議された。

結局、現地軍である支那派遣軍総司令部付の研究員とされた。ただし、参謀総長の閑院宮《かんいんのみや》載仁《ことひと》親王殿下より、以下の訓令を受けて、長期海外任務要員として育成されるよう配慮がなされた。

一、支那における欧米勢力の浸潤状況
二、支那における秘密結社
三、中国の風俗習慣、支那語の修得

太平洋戦争前は、中野出身者はその将来の大成を期待して、支那研究を主眼として勤務させる方針であった。

日下部一郎は、一九四〇年八月、北支那方面軍参謀第二課長として赴任した本郷忠夫中佐(四一年三月大佐昇任)に感化を受けた。(207頁参照)

『陸軍中野学校実録』(日下部一郎著)によれば、日下部は茂川(茂)機関で北京大学付属病院長の狙撃事件や川島芳子の北京追放などに関与した。

しかし、本郷課長は日下部に「中野学校の真価を発揮できるようなもっと次元の高い仕事」をするように諭し、日下部を第二課長補佐として茂川機関から引き抜き、「北支経済封鎖の概況とその施策を研究するため、北支那全域にわたって、二カ月余り現地調査の旅に出てみろ」と命じた。

本郷課長は、参謀長から「黄河流域における密輸ルートを根絶する方策」の研究を命じられていたこともあって、この課題も含めて「北支経済全般の研究を徹底的に行なえ」と日下部に指示した。

本郷課長が謀略諜報機関として組織したのが「六條公館」で、同機関は左翼からの転向者、右翼関係者、民間人、中国人工作員で構成されていた。本郷課長は日下部をそこに配置した。以後、中野出身者は、着任後の研修を終えると、六條公館で実務を覚え、各軍および機関の実地任務についた。

井崎喜代太は、日下部、真井とともに閑院宮参謀総長の訓示を受けたのち、一九三九年一〇月に中支那派遣軍第一三軍司令部付を発令された。

井崎は一九四一年に帰国し、第八課で宣伝・謀略を担当し、四四年に遊撃戦幹部要員として再び支那に派遣された。

当時の支那大陸では、各地域特有の歴史、文化を背景とする高度な政治謀略が主流であり、経験の浅い中野出身者が出る幕はほとんどなかったが、井崎は和平工作にかかわったほぼ唯一の中野関係者であった。

真井一郎は駐満軍という僻地に配置され、冷遇されたまま、一九四二年一〇月に帰国して第七課に勤務したが、ここである不祥事を起こし切腹を図ったとされる（この顛末は『陸軍中野学校実録』で詳述されている）。映画『陸軍中野学校』では真井をモデルにした切腹場面が描かれている。

南方方面には新穂智が第六課南方班で勤務したのちにジャカルタに派遣された。新穂は、太平洋戦争開戦により豪州ラブダイで抑留され、抑留者交換で帰国した。帰国後、しばらく中野学校で教鞭をとった後、一九四三年、「神機関」の隊長として西部ニューギニアに派遣され、ここで宣撫《せんぶ》工作や現地調査にあたった。戦後、部下による米軍捕虜の処刑を見逃したとして処刑された。

丸崎義男は、中野学校学生隊の係長を経て、在スラバヤ総領事館の雇員として赴任した。ここで、インドネシア謀略のための諜報活動に従事した。

その後、丸崎は本土決戦のための泉部隊（108頁参照）の教官を務め、終戦時、朝鮮に派遣されていた丸崎少佐以下三十数人の中野出身者は総督府と交渉して臨時の警察官となり、現地の治安維持と日本人引き揚げ業務に協力した。（加藤正夫『陸軍中野学校―秘密戦士の実態』）

山本政義は、一九四〇年に第六課内に南方班が設置されると、そこに配置され、新穂智、境勇とともに勤務した。その後、亀山六蔵の後任として中野学校勤務に就いた後、第六課南方班で勤務し、ここで鈴木《すずき》敬司《けいじ》（一八九七～一九六七年）大佐と運命的な出会いをする。その後、山本は鈴木が主導するビルマの南機関の活動に加わった。

境勇は第六課に短期間勤務し、その後中野学校で乙I短の学生係長に就任後、一九四二年に参謀本部第八課でインド工作の業務に従事していた。この時に南方軍総司令部付を命じられ、シンガポールに派遣され岩畔機関員として勤務した。

当時、陸および海経由のインド内潜入工作が困難になっていた。境は一九四一年一月、空からの潜入を提案し、三好参謀長もそれに賛成した。境は同年二月末から訓練を企画・運営し、同年五月上旬から中旬にかけてインド内部への諜報員の落下傘降下が行なわれた。

一、二期生の海外勤務

後方勤務要員養成所発足からの約三年間、すなわち一期生（一九三八年七月～三九年八月）、乙I（一九三九年一二月～四〇年一〇月、いわゆる二期生）、乙II（一九四〇年一二月～四一年七月、いわゆる三期生）までは海外での秘密戦士（長期学生）を育成するという長期目標をもって教育が行なわれた。

一九四〇年夏頃からの国際情勢は、日本の北部仏印進駐、欧州での独ソ戦争勃発などにより大きく変化した。
中国大陸での日中対立は泥沼化の様相をますます色濃くし、一九三九年九月、日露戦争での満洲軍以来の総軍となる支那派遣軍を創設して、迫りくる全面対決に備えた。
しかし、日本は米英との戦争までは決意しておらず、乙Ｉ長期などの中野出身者の多くは予定どおり海外勤務が実施された。
その赴任先は一期生に準じたものの、基本研修後、支那派遣軍および関東軍付として配属される者が多数を占めた。
太平洋戦争の開戦以降、教育内容は次第に戦時即応の強化に重点が置かれ、卒業生の任地も作戦各軍に赴任するものが多くなった。
これら前線への中野出身者の配置状況は、北方要域、支那要域、南方要域に分けて後述する。
ここでは、海外に派遣された中野出身者の氏名と派遣先を列挙する。
牧沢義夫（一期）コロンビア領事館
亀山六蔵（一期）アフガニスタン領事館
宮川正之（一期）ドイツ大使館付武官室、ポルトガル大使館付武官室
秦正宣（乙Ｉ長）ドイツ大使館付
矢倉正三（乙Ｉ長）ルーマニア大使館付武官室、スペイン大使館付武官室

石井正（乙Ⅰ長）メキシコ大使館付武官室
木村武千代（乙Ⅰ長）メキシコ大使館付武官室
阿部市次一（乙Ⅰ長）ブラジル大使館付武官室
西田正敏（乙Ⅰ長）ブラジル大使館付武官室書記
丸崎義男（一期）スラバヤ領事館雇員
新穂智（一期）オランダ領ジャワ・ジャカルタ在住同盟通信特派員
貝沼研造（乙Ⅰ短）タイ国駐在武官室
児成寿（乙Ⅰ長）タイ国駐在武官室
中嶋史男（乙Ⅰ短）タイ国駐在武官室
伊野部重珍（乙Ⅰ長）タイ・シンゴラ領事館

（『陸軍中野学校』校史、『中野学校の秘密戦』）

このように、一期生および二期生は米英、支那、ソ連などを意識して、その周辺国に配置されたが、乙Ⅱ長期・短期は開戦間近になったため繰り上げ卒業となり、以降の3丙（一九四一年九月～）からは長期と短期の区分がなくなった。つまり、海外での長期勤務を想定した長期学生の制度は消滅した。

太平洋戦争の勃発によって一期生および二期生は帰国を余儀なくされ、将来を見据えた中野出身者の長期運用という構想は途絶えることになった。

国内勤務の状況

満洲事変以後に諜報事件が増大

満洲事変以後、わが国への諜報事件が増大し、一九三六年に軍内風紀や防諜を任務とする兵務局が新設されたが、その後も諜報事案は増加していた。

ソ連スパイのゾルゲは、尾崎秀実らとともに日本の政治と軍事動向を掴んでいた。

一九三八年七月、尾崎は東京朝日新聞社を退職し、風見章の紹介で第一次近衛内閣の嘱託となり、近衛主催の政治勉強会「朝飯会」（水曜会）のメンバーにもなった。

尾崎は近衛首相のブレーンとなり、中国問題の専門家として支那事変に関する助言を行なった。ゾルゲは駐日独大使館に出入りし、オットー大使の人脈にも食い込み、一九三九年頃にはドイツの公文書を自由に閲覧できる立場となった。ソ連の諜報活動や共産主義の浸透が進んだ。

一九四〇年七月二七日、日本各地で在留英国人一一人が憲兵隊に軍機保護法違反容疑で一斉に検挙された。同月二九日にそのうちの一人でロイター通信東京支局長のM・J・コックスが東京憲兵隊の取り調べ中に憲兵司令部の建物から飛び降り自殺した。

この事件は「東京憲兵隊が英国の諜報網を弾圧した」として新聞で大きく取り上げられ、国民の防諜思想を促し、陸軍が推進していた反英・防諜思想の普及に助力する結果となった。

一九四一年一〇月一四日、尾崎の検挙が先行して行なわれ、東條英機陸相が首相に就任した同一〇月一八日、ゾルゲら外国人メンバーが一斉に逮捕された。

こうして太平洋戦争に突入した日本は、防諜態勢を強化し、国民に防諜意識を喚起した。

軍事資料部での活動

中野学校一期生の須賀通夫と杉本美義は陸軍省兵務局防衛課に配属されたが、実際の配置先は国内防諜を担当する警務連絡班であった。(87頁参照)
一九四〇年八月、警務連絡班は陸軍大臣の直轄として秘密防諜組織「軍事資料部」となった。同部の任務は特定外国の指令にもとづく国内破壊活動の防衛にあたるとされ、その活動範囲は国内のみならず国際的視野からの広い領域に及ぶものであった。
軍事資料部に配属された中野出身者の正式な補職は、陸軍省兵務局防衛課付であった。同資料部は高度な秘匿性が求められ、詳細な構成は公表されず、徹底的な縦割り組織であったため、所属員の中には部長、課長の名前さえ知らない者が多くいたという。
元来、防諜機関を組織することが発展して中野学校が設立されたように、防諜は秘密戦を構成する極めて重要な要素である。前述のように一期生二人がまず配置されたが、その後も中野出身者が各期二〜三人ずつが防衛課に配属され、終戦に至るまで七七人が勤務した。この数は中野出身者の割合からいえばかなりの数であった。

神戸事件と中野出身者

国内防諜任務に配属された二人の一期生がかかわった事件に神戸事件がある。この事件は、一九四〇年一月、一期生および乙Ｉ長（二期生）の訓育主任であった伊藤佐又少佐が、数人の一期生および十数人の二期生を誘導し、英国領事館襲撃事件を計画したものの、事前に発覚し、憲兵隊に取り押さえられたというものである。

元日に奈良の橿原《かしはら》神社に伊藤少佐の指示で十数人の二期生が集められ、神戸の英国領事館を襲撃する計画を聞かされた。一部はこれに激しく反発したが、とりあえず神戸まで行くことになり、神戸の旅館に到着すると、ある者は逃走を試みようとし、ほかの者は襲撃の準備を進めている時に憲兵に踏み込まれた。

同四〇年春から後方勤務要員養成所が正規の学校として発足する矢先の事件であり、所長である秋草俊は「何という馬鹿な！謀略のボの字も知らない素人が！」と言ったという。

伊藤佐又は精神主義者、排英強硬論者であった。この事件の背後には参謀本部の桜井徳太郎、高島辰彦の両革新派大佐の存在が疑われたが、全貌は明らかにはならなかった。

一期生では、当時中野学校に残留していた丸崎義男、亀山六蔵の二人が伊藤に感化され、この計画に関与したといわれる。

他方、須賀通夫と杉本美義は神戸で防諜班長として勤務していた。彼らはこの計画を事前に聞きつけ、丸崎ら同期生に中止するよう勧告したが、逆に伊藤少佐らに計画に参加するよう勧誘され、板挟みになった両名は自殺未遂までしたとされる。（『陸軍中野学校実録』）

この事件の発覚後、伊藤は予備役に編入、亀山はアフガニスタンに赴任、その交代として同期の山本政義が参謀本部第六課南方班から中野学校に転入した。丸崎は在スラバヤ総領事館の雇員として赴任、その交代として須賀が軍事資料部から中野学校に転入した。

神戸事件に参加した二期生は全員学生でもあり「処分なし」であった。

当時、一期生の多くは伊藤に精神的に感化されていたが、二期生の伊藤に対する思いはさめていたようである。

二期生の原田統吉は、伊藤の精神主義にいささか辟易している感情を吐露している。

「大学卒業後すぐ現役兵として入営した一期生は、概してわれわれよりも若く、はるかに時代の児であり、そのようなI主任の指導が結構素直にうけとられ、彼らの精神形成によき影響を与えた面があったのかもしれない。ところが、三年も世間の飯を食って来た補充兵出身の多いわれわれのような二期生は、どうもそうはいかぬところがあったらしい」（『風と雲と最後の諜報将校』）

さらに原田はこの事件で訓育主任が伊藤から岡本少佐に代わったことで、「精神的に窒息しないですんだのかもしれない」との感想を述べている。

北方要域での活動

不透明なソ連情勢

北方では一九三八年の張鼓峰事件、翌年のノモンハン事件が象徴するようにソ連の軍事脅威が高まっていた。

一九四〇年に入り、支那事変が泥沼化する中、松岡外相は北方の防衛力不足を懸念して、ソ連との連携により、北方の安全を確保したうえで南進策を採る必要があると考えた。

松岡はまずはソ連を枢軸国側に引き入れ、最終的には日独伊ソの四か国による同盟を締結するユーラシア枢軸（日独伊ソ四国同盟構想）による対米対抗を目指したが、ドイツの反対で実現できなかった。

一九四一年三月、ドイツとソ連との関係が切迫したことに乗じて松岡外相はモスクワに渡り、スターリン、モロトフ外相と交渉し、四一年四月一三日、日ソ中立条約を成立させた。

しかし、日ソ中立条約も独ソ開戦により微妙な状況になった。ヒトラーはすでに対ソ戦の準備を開始し、英国のチャーチル首相は「ドイツは早晩、ソ連に侵攻する」と松岡外相に警告した。

独ソ戦勃発という事態に対処するため、急きょ同年七月二日、御前会議を開いた。

陸軍は参謀本部と陸軍省が対立して意見がまとまらず、海軍は南進を主張した。その結果、対米英戦覚悟の南方進出、情勢有利の場合の北進（対ソ戦）の二案を決定した。これが「情勢の推移に伴う帝国国策要綱」である。

北進論を強硬に唱える田中新一作戦部長は関東軍特殊演習（関特演）の実施について東條英機陸軍大臣を説得し、一九四一年七月七日の関特演の総動員となった。

中野出身者の活動

太平洋戦争開始後も、ソ連の秘密戦活動はすさまじく、関東軍の実情は筒抜けという状況になり、他方でソ連と通じていた白系ロシア人、満洲の官憲、一般人などからの情報は正確性を欠いた。

一九三〇年代の半ばから、ソ連の防諜態勢の強化によって日本の諜報活動は行き詰まり、その打開策の一つとして開始されたクーリエ活動（78頁参照）では、梅津美治郎《うめづよしじろう》陸軍次官時代（一九三六年三月〜三八年五月）に、毎月一回、諜報員をクーリエとして派遣することが決まっていた。

中野出身者も表面上は日本政府または満洲国の外交官としてクーリエに任じられ、特別の課報任務が与えられた。扇貞雄（一期）、猪俣甚弥（一期）のほか、乙Ⅰ長・短、乙Ⅱ短の数人がクーリエに任じられた。

中野出身者の北方要域での配属先は、関東軍司令部第二課（新京、現在の長春）のほか、満洲国の外交部、すなわちチタ領事館とブラゴベシチェンスク領事館、治安部、満洲電信電話調査局などであった。これらに軍人身分を秘匿して配属された。そのほかに関東軍報道部にも乙Ⅱ出身者が配属された。

関東軍司令部第二課は軍情班、兵要地誌班、宣伝謀略班、防諜班の四個班を有していた。ここには乙Ⅰ、乙Ⅱ、3丙、4丙、5丙の卒業生などが数人ずつ配属された。

チタ領事館は一九三二年に配置された満洲国の政府機関である。ここには文官に偽装した関東軍の情報将校が常に勤務していた。中野出身者は渡辺辰伊（一期生）が最初で、その後も配置が継続された。チタ領事館に勤務した原田統吉は一九四五年八月のソ連の満洲侵攻を的確に予測した。

ブラゴベシチェンスク領事館にも、三人の中野出身者（乙Ⅰ長、2乙、丙1）が勤務した。

一九四〇年四月、ハルビン特務機関を本部とする関東軍情報部が創設された。同部は陸軍最初の情報部隊である。支部は大連、延吉、牡丹江、東安、佳木斯《ジャムス》、黒河、海拉爾《ハイラル》、三河、王爺廟《オウヤビョウ》に置かれた。

関東軍情報部が創設されて以降、最初に二人の中野出身者（乙Ⅰ、丙1）が配置され、一九四一年七月の関特演発動にともない、2甲、乙Ⅱ、丙2が中野学校を繰り上げ卒業して大挙赴任した。当時の情報部に配属された者は三〇余人を数えた。

一九四三年三月、土居明夫少将が情報部長に就任し、同年秋、情報部を刷新した。本部に情報室を設置し、ソ連国家の研究、ソ連軍（赤軍）の戦法、戦力、編成などを研究した。

一九四五年二月、後方勤務要員養成所の所長であった秋草が関東軍情報部の部長に就任し、そこで終戦を迎えた。

終戦時、満洲には一二〇余人の中野出身者がいた。

最も多いのが関東軍情報部所属で、それぞれハルビン本部の各班、本部所属機関、一二の支部とその下部機関に勤務していた。それ以外は関東軍総司令部、満洲国政府外交部および治安機関に身分を秘匿して勤務していた。

中野出身者は、ソ連抑留という過酷な運命を強いられる中、終戦を境に自決した者、収容所から脱出を決行して逮捕処刑された者、抑留中に病死した者、行方さえわからない者が多数いた。

今日、「中野出身者が北朝鮮に残り、北朝鮮は中野学校出身者を利用してスパイ工作機関を設立した」というような風説もあるが、これは不可能であった。

戦後になってからも、丸崎義雄少佐（一期生）以下の中野出身者が、身の安全から帰国した警察官に替わって、朝鮮の治安維持と日本人の帰国作業に従事した。

一九五六年一二月末、最後の引揚船「興安丸」が日本人抑留者を移送した際に五〇人の中野出身者も帰国した。

中国大陸での活動

和平に活路を求めた政治謀略

一九三八年一月、日本は蔣介石政府と和平を結ぶトラウトマン工作を断念したが（85頁参照）、中国大陸での政治謀略をすべて断念したわけではなかった。

影佐貞明は蔣介石のライバルである汪兆銘を担いで新国家建設の政治謀略を行なった。

この工作は、一九三八年七月に極秘裏に来日した和平派の高宗武が影佐（当時、陸軍省軍務課長）と今井武夫（当時、陸軍参謀本部支那班長）に会談したことが端緒となった。

同年一一月三日、近衛は「東亜新秩序宣言」（近衛第二声明）を発し、蔣介石と対立していた汪兆銘を国民政府から離反させる狙いを鮮明にした。

一九三八年一二月下旬、影佐らは汪兆銘を重慶からハノイへ脱出させた。

この直後、近衛は「近衛三原則声明」（近衛第三声明）を発出し、「日満支三国の互助連環、共同防共、経済結合」を唱え、汪兆銘擁立よる国民政府切り崩し工作と戦時経済統制の強化を推し進める意向を宣言した。

一九三九年五月、影佐は上海に「梅機関」を設置し、汪兆銘擁立工作を始めた。外務省を巻き込んでの影佐らの政治謀略が奏功し、一九四〇年三月、汪兆銘を首班とする南京国民政府（汪兆銘政権）を樹立した。（64頁参照）

しかし、南京国民政府に日本との和平を主導する力はなく、この工作は自然消滅した。

一方、影佐工作を仕掛けた今井武夫は一九三九年一一月から桐工作（蔣介石との直接交渉により和解）を主導したが、これは近衛声明や影佐工作とは矛盾するものであり、汪政権の政治的立場を弱める工作でもあった。

桐工作は蔣介石国民党側の謀略ではないかという疑いもあったため、機密保持を理由に陸海軍のみが従事し、外務省は排除された。

こうして外務省の関与が大きい汪政権樹立工作と、陸海軍のみによる桐工作という二重の対中工作が展開されたのであった。

また板垣征四郎陸相（一九三八年六月の第一次近衛改造内閣で陸相に就任）を中心にした呉佩孚擁立工作も行なわれた。

板垣は陸軍省、海軍省および外務省の三省で特別委員会を設置し、陸軍から土肥原賢二中将、海軍から津田静枝中将、外務省から坂西利八郎中将（退役）が参加して呉佩孚を交渉の窓口に引き出すことを目標とした。

ほかに小野寺工作も開始された。小野寺信（当時少佐）は一九三八年一〇月に中支那派遣軍司令部付として上海に派遣された。当時、ロシア課は対ソ防衛のためには支那事変を早期に終結すべきと考え、小野寺は武漢にこもる蒋介石との交渉を企図した。

小野寺は上海市内のホテルに事務所を構え、自前で小野寺機関を設置した。メンバーに軍人は一人も含まず、共産党からの転向者を中心に二〇人ほどを採用した。ほかに蒋介石の親衛隊である藍衣社《らんいしゃ》に所属する女性スパイ鄭蘋茹《テンピンルー》や、首相の息子である近衛文隆を運用して、さまざまな水面下工作を仕掛けた。

一九三九年五月、小野寺は香港で板垣と国民党の呉開祖（組織部副部長）との直接会談を設定した。次に小野寺は、蒋介石と近衛文磨との直接交渉、最終的には天皇の決断による和平実現を目指した。

小野寺工作は影佐工作と早期和平という目的こそ同じだったが手段が違った。小野寺は中国人の人心を掌握していない汪兆銘といくら和平の取り決めをしてもそれは砂上の楼閣にすぎないと見ていたのである。

日の目を見なかった政治謀略

前述したさまざまな政治謀略の中には第八課（謀略課）の意向に反して行なわれたものもあった。たとえば小野寺工作は、第八課に対する第五課（ロシア課）の対抗心がうかがえる。影佐が第七課（支那課）長から第八課長に就任したことからも、第八課は「支那通」の強い影響を受けていた。

「支那通」は蔣介石を打倒する「支那一撃膺懲」論を主張してきたから、蔣介石との和平は困難であった。

しかし、第五課（ロシア課）は仮想敵国ソ連に向けた軍備を整えるために中国戦線での早期和平を望んでおり、第七課（支那課）の意向を受けた第八課（謀略課）とは異なる手段を求めていた。

一九三八年六月、第八課で人事異動があり、影佐に代わって、イタリア駐在経験のある唐川康夫大佐が課長に就任し、翌三九年三月にロシア畑の臼井茂樹大佐が課長に就任した。この人事により、第八課における第五課の影響力が強まった。

その結果、支那事変の早期解決という目的は同じでも、目標手段が異なる政治謀略が第八課主導で行なわれたが、いずれも失敗に帰した。

政治謀略と併用して、経済謀略も実施された。

一九三九年、陸軍省、参謀本部が作成した「対支経済謀略実施計画」（三八年一二月）により、偽造券による蔣介石国民政府の法幣崩壊工作が行なわれた。

当時、中国大陸では、国民政府の通貨である「法幣」と、共産党軍が解放区で発行する「辺区券」、さらに日本軍の「軍票」が入り乱れ、通貨戦争を演じていた。大半の地域では法幣が圧倒的に優勢で、物資の現地調達は法幣でなければ困難であった。このため戦局の打開に悩む陸軍は経済謀略の一環として「偽造券による法幣崩壊工作」を仕掛けたのである。

これは秘匿名を「杉工作」と称し、偽札の製作は登戸研究所が主として実施し、岡田芳政大佐が率いる「松機関」が実施した。その状況について伴繁雄は次のように解説する。

偽札作戦は試作に失敗を重ね、試行錯誤の連続を経てようやく量産体制を整え、製品を「杉機関」に渡すまでには長時日を要したのである。

偽札工作の宰領には陸軍中野学校の出身者があたり、毎月二回ほど長崎経由で海路上海へ届けられた。

現地では「松機関」が流通工作を担当した。機関長は陸軍参謀の岡田芳政中佐だったが、実質上の責任者は軍の嘱託で阪田誠盛《さかたしげもり》という実業人であった。阪田氏は、流通工作のため上海を中心とする暗黒街を支配していた秘密結社「青幣」の幹部の娘と結婚して協力をとりつけ、青幣の首領で蔣介石の腹心でもあった杜月笙《とげつしょう》の家に「松機関」の本部を置いていた。

敵側の偽札に対する摘発、妨害はなく消極的であったばかりか、偽札の横行に対し「流通過程に於いて、むしろ適当であったと思える」との発言も関係者側にあった。とくに香港占領後、第三科は敵側の印刷機、資材を入手して偽造工作をしていたが、国民政府としても真贋判別ができない以上、黙認して、逆に偽造を利用してインフレ防止に役立たせていたという判断が適切であった。(『陸軍登戸研究所の真実』)

中野出身者の活動

一九三九年九月、中支那方面軍は支那派遣軍となり、支那に所在する日本軍はこの総司令官の隷下となった。

一九四〇年三月、汪兆銘の新中華民国政府の樹立にともない、南京に大使館付武官を配置して支那派遣軍総参謀副長とし、同武官補佐官を派遣軍参謀とした。

支那派遣軍の総軍司令部に参謀部第二課を設けた。

第二課は総軍隷下の各軍、すなわち北支那方面軍(北京)、第一一軍(漢口)、第一三軍(上海)、第二一軍(広東)に情報担当地域と情報任務を付与した。

中野学校一期生の三人(日下部一郎、真井一郎、井崎喜代太)は、当初は各軍付として派遣されたが、総軍が創設された後は総軍付となった。

二期生以降、戦争状態にあった中国大陸に多くの中野出身者が派遣されたが、次第に「替わらざる武官」の育成という創立目的との齟齬が生じた。

太平洋戦争前の中野出身者（一期生、二期生）は、その将来の大成を期待して支那研究を主眼として勤務させる方針であった。（186頁参照）

しかし、大戦後は司令部情報勤務要員、遊撃挺進隊要員、特別警備隊要員などに充当された。

中野出身者は「支那派遣軍総司令部付」を命じられ、いったん南京の司令部に着任した。卒業期によって期間の長短はあるが、集団着任した中野出身者は、総軍で一～二か月の現地集合教育および現地視察旅行を終えて、それぞれ各軍配属を命じられ、各地に赴任した。終戦までに支那派遣軍に在籍した中野出身者の総数は二六七人を数えた。

太平洋戦争が始まるまでに、総軍、上海陸軍部、北支那方面軍、駐蒙軍を含む各軍団に配置されたほか、梅機関などの特務機関にも配置された。

松機関の杉工作には、乙Ⅱ、丙2の数人が派遣された。

上海の松井機関には一期生の越村勝治が派遣された。

太平洋戦争の開始により支那派遣軍勤務者の他地域への転用が行なわれ、中野出身者の転用は、終戦までに八二人を数える。地域別内訳は本土二五人、南方五三人、北方四人である。南方転用の多さは、一九四一年以降の南方作戦の推移を物語る。

終戦が近づくと、本土決戦に備えて、国民義勇軍を編成するための基幹要員として、支那派遣軍から中野出身者が転用された。

六條公館の活動消滅

北支那に配置された中野出身者は北京に集められ、そこで中国語および中国事情の修得を狙いに四～八か月という長期集合教育を受けた。

これは中野出身者をすぐに実務に就かせず、長期的視野で将来の成果を期待した北支那方面軍参謀部第二課長・本郷忠夫大佐の方針であった。（186頁参照）

既述のとおり、中国大陸で様々な政治謀略が「支那通」によって多層的に行なわれ、中野学校の創設や秘密戦士の育成には反対論が多かった。しかし、本郷大佐のようなよき理解者もいたことは幸いであった。

一九四二年、本郷課長は方面軍司令部での各軍情報主任者会同の席上、「中野学校出身の将校、下士官については、その将来の任務を考慮して、各軍及び兵団においては、とくに配慮して勤務せしめられたい」と訓示した。

その本郷課長が謀略課報機関として組織したのが「六條公館」である。

しかし、現地の治安をめぐって、本郷課長と、治安を担当する四課長兼参謀副長の有末精三少将が対立し、本郷課長は左遷され、有末少将が情報を総括する参謀本部第二部長に栄転した。

そして第二課長には晴気慶胤《はるけよしたね》大佐が着任して、本郷体制を一掃したという。晴気大佐は中国大陸での課報・謀略の専門家であった。しかし「華北の共産党対策に専念せよ」という畑俊六（大将）総司令官の訓示もあり、中野出身者を南方などの各軍、師団、機関に配分して、第一線に就かせた。

一九四三年九月、方面軍は新しく北支那特別警備隊を編成して中共軍に対応したが、ここには方面軍に残った中野出身者の将校、下士官のほぼ全員が抽出されて同警備隊の基幹要員となった。六條公館の活動消滅の背後には、関係者の考え方の対立やそこから生まれる新たな人事配置や派閥力学があり、それが中野出身者にも影響を与えたといえよう。

南方戦線での活動

南方戦線の状況

満洲事変以降、わが国の中国大陸への軍事的進出が拡大した。これにともないシンガポール、ジャワ、その他諸地域に所在する南方華僑が祖国の抗日を支持するために強力な日貨排斥運動を展開した。これが、資源小国である日本経済を苦しめていった。

支那事変が本格化するに至って、世界の反日世論は沸騰し、米英などは相次いで蒋介石を経済支援し、日本の東亜新秩序建設の推進を妨げた。

これに対し、日本は欧州で新秩序の建設を主張する独伊に接近し、英米包囲網の打破と共産主義への対峙から一九三六年、日独伊防共協定を締結した。

一九四一年六月の独ソ戦の開始から、ドイツと連携してソ連を撃つべしとの「北進論」の声も高まったが、それ以上に「南進論」が高まり、一九四一年七月、南部仏印に進駐し、対英米決戦を確実にした。

こうした中、同年一一月、南方進出のため南方軍を創設した。支那派遣軍に続く二番目の総軍編制であった。さらに一九四二年一〇月には関東軍が総軍に昇格し、陸軍は三個総軍態勢になる。

南方軍の隷下として第一四軍（フィリピン）、第一五軍（ビルマ）、第第一六軍（ジャワ）、第二五軍（マレー）が編成された。

南方軍の指揮中枢は南方軍総司令部（サイゴン）で、ここに秘密戦を所掌する第二課が新設された。しかし、情報将校が不足しているうえに第二課参謀の多くは秘密戦の経験がなかった。

隷下の各軍司令部には情報参謀を一人ないし二人を配置し、第一四軍と第二五軍には二人を配置した。

前述のように、彼らは秘密戦の経験がないか、あっても対ソ戦の情報将校であった。そこで特種情報（通信傍受）を担当する情報班を各軍に配属したが、目立った成果は挙げられなかった。そのため一九四二年秋から秘密戦教育を受けた中野出身者が南方総軍付として配属され、四三年末には多数配属された。

南方各地域では遊撃戦が重視され、支那戦線で活動している中野出身者ならば、遊撃戦の経験があるとみられて抽出の要請が高まったのであるが、支那派遣軍が遊撃戦を重視し始めたのは一九四四年以降のことであり、同軍に所属する中野出身者に遊撃戦の経験はなかった。

南機関による対ビルマ謀略

一九三五年以降、東南アジアで唯一の独立国であるタイに駐在武官を配置し、ここを拠点にインドシナ半島での諜報活動を展開していた。

欧州ではドイツの攻勢が続いていた。これを有利と見た日本は支那事変の早期決着を目指して首都南京を占領し、対支那経済封鎖へと駒を進めた。

しかし、ソ連は外蒙ルートで、英米仏はビルマルート（一九四〇年三月開通）と北部インドネシアルートで軍事物資を蔣介石に輸送したため、国民政府軍は持ちこたえることができた。

そこで一九四〇年六月、日本は北部インドシナに進駐し、フランスのヴィシー政権（ドイツの傀儡）に圧力をかけてハノイからの物資援助を停止させた。

しかし、ビルマを押さえる英国は日本に頑強に抵抗し、物資援助を続けた。そこで、鈴木敬司大佐によってビルマ独立を画策する政治謀略が行なわれたのである。

一九四一年二月、鈴木大佐は大本営直属の特務機関「南機関」を設立した。「南」は鈴木の偽名（南益世）である。南機関の設立には陸軍のほか海軍や民間からも数人が参加した。

南機関は一九四一年六月にビルマ各地において反英暴動を起こすことを画策した。そのため、将来、独立運動の中核となるビルマ人独立志士三〇人をビルマからタイへ国境超えて亡命させる、ビルマに通じる道路などの兵要地誌を作成する、反英暴動に必要な武器、弾薬などを独立グループに投入するなどを計画した。（泉谷達郎『その名は南謀略機関――ビルマ独立秘史』ほか）

バンコクに「南方企業調査会」と呼称する本部を置き、海南島の三亜には、軍事作戦の不慣れなビルマ人を訓練するための施設を設置した。

南機関の創設には、前述した一期生の山本政義のほか、加久保尚身大尉（1甲）、川島威伸大尉（1甲）が参加した。

南機関の主力になったのは、一九四〇年一一月に卒業した乙Iの将校、丙1の下士官計十数人であった。その中には、戦後になって『その名は南謀略機関』を執筆した泉谷達郎中尉（乙I短）などがいた。

太平洋戦争が始まると、南機関は南方軍派遣司令官の隷下に編入され、ビルマ独立を目指す政治謀略機関から、南方戦線での戦勝に寄与するための遊撃戦部隊へと性格が変わった。

一九四二年、日本軍はビルマに侵攻し、同年五月にビルマ全土を制圧した。しかし、日本政府をはじめ大本営陸海軍部、南方軍、第一五軍内の主流は「独立は全南方地域の安定後にすべし」として、ビルマ独立義勇軍の存続を認めなかったので鈴木大佐や南機関員は激しくこれに抗議した。

泉谷によれば、鈴木大佐は「民族の独立は民族固有の権利であって他国が独立を与える筋合いのものではない。ビルマの独立はビルマ人の権利であって、日本が独立を与えるとか、与えないというものではない」（『その名は南謀略機関』）と考えていた。

一九四三年、ようやくビルマは独立したが、日本軍の軍政下での名ばかりの独立であって、支配者が英国から日本に代わったにすぎなかった。すなわち、鈴木大佐が当初目指していたビルマ人によるビルマのための独立ではなかったのである。

このような意見対立が影響して、日本軍の敗走の直前、ビルマ国軍は英軍と通じて日本軍との協力関係を破棄した。

「F機関」などによる対インド謀略

対インド工作では、タイの首都バンコクに派遣されていた武官の田村浩《たむらひろし》（一八九四～一九六二年）大佐と「F機関」長の藤原岩市《ふじわらいわいち》（戦後に調査学校長、一九〇八～八六年）少佐の活躍が特筆される。

田村と藤原は、タイに所在していた秘密結社「インド独立連盟」（ＩＩＬ）と連携して、英軍に所属するインド兵の離反工作に従事した。

インド兵はマレー英印軍の主力であり、彼らを戦線離脱させることでマレー英軍の力を減じ、対抗勢力として「インド国民軍」（ＩＮＡ）を編成する計画であった。さらにインド兵に軍事施設の破壊や投降の呼びかけなど、遊撃戦の任務を担わせようとするものであった。

一九四一年九月、藤原以下の将校六人、下士官一人、通訳などの軍属四人の計一一人は、外務省員や商社員に偽装してタイに潜入し、「Ｆ機関」を設立した。「Ｆ機関」は藤原の頭文字と自由を意味する英語に由来するとされるが詳細は不明である。

このうち軍人は全員が中野関係者であった。藤原は中野学校の元教官であり、そのほかは乙Ｉ長から二人、２甲から一人、乙Ⅱ短から二人、丙１から一人が「Ｆ機関」の創設に参加した。

一九四二年三月頃には、同機関の規模を拡大するため、中野出身者が補充された（乙Ｉ短×一人、乙Ⅱ長×一人、乙Ⅱ短×三人、丙２×一人、３戊×二人）。

藤原はマレー工作、華僑工作、スマトラ工作などの英領インドにおける対英独立運動を支援した。太平洋戦争開戦後、「Ｆ機関」はインド国民軍の結成と日本軍のシンガポール攻略戦を支援した。

その後、「Ｆ機関」は岩畔機関に発展・改組され、二五〇人ほどの中規模組織に成長した。ここにも多数の中野出身者が含まれていた。

岩畔機関は結成一年後には五〇〇人を超える大組織となり、「光機関」と改称される。光機関の将校および下士官のほとんどは中野出身者であった。

光機関は南方戦線で中野出身者が最も多く配属された組織であり、戦死者も多く出た。機関長はインド独立運動の指導者スバス・チャンドラ・ボースと親交の深い山本敏《やまもとはやし》大佐で、終戦時の中野学校の校長である。

藤原から始まった一連の対インド工作はインド人将校によるインド国民軍の結成を経てチャンドラ・ボースのインド独立運動へと発展した。

一九四三年、チャンドラ・ボースはシンガポールに「自由インド仮政府」を樹立して、その政府主席に就任、「インド国民軍」の創設を宣言した。

しかし、日本の干渉を排除し、独立を強く主張するチャンドラ・ボース側と日本軍との間には幾度なく路線対立が起きた。その間、常にインド側に立って円満解決にあたったのが、それぞれの部署に配属されていた中野出身者であった。

一九四四年一月、自由インド仮政府はラングーンに進出し、ビルマ方面軍と協同して、対英戦線の一翼を担うことになった。

一九四四年三月、日本は英印軍の主要拠点である、インド北東部の攻略を目指す「インパール作戦」と、それを支援する第二次アキャブ作戦を開始した。

なお、チャンドラ・ボースは終戦直後、台湾で航空機事故により死亡し、その遺骨は当時の機関員の手によって東京・杉並で手厚く葬られている。

蘭印での中野出身者の活動

インドネシア方面では、シンガポール陥落前日の一九四二年二月一四日、スマトラ最大の石油基地パレンバンに対して陸軍落下傘部隊による奇襲が実施された。

この作戦は真珠湾奇襲に並ぶ成功事例とされ、多くの中野出身者が関与していた。

一九四一年初め、参謀本部第六課の丸崎義雄中尉（一期）はスラバヤ総領事館員として、新穂智中尉（一期）は同盟通信記者の身分で現地での諜報活動を命じられた。

同年四月、中野学校幹事の上田昌雄大佐がパレンバン攻略計画策定のために現地を訪れて両人と接触した。結果、落下傘降下による攻撃が最も損害が少なく、効果的であると判断された。

一九四一年一一月、中野学校長の川俣雄人少将は、同校勤務の岡安陸軍教官（統計学担当）に命じて、石油基地の施設状況の調査などを行なわせた。（105頁参照）

実際の空挺作戦には、米村政雄中尉（乙Ⅰ短）、星野鉄一少尉（乙Ⅱ短）、吉竹智嘉男少尉（乙Ⅱ短）、片山康次郎軍曹（丙1）、熊谷正男軍曹（丙1）、夏井義雄（丙2）が参加した。

ジャワ攻略では、蘭印軍による資源や施設の破壊工作が懸念された。そこで、第一六軍の情報主任参謀の大槻章中佐に意見を求められた南方軍参謀部勤務の太郎良定夫中尉（乙I長）は、現地行政機関と住民に破壊の防止を訴え、蘭印軍の情勢判断を誤らせる「特殊ラジオ放送」による宣伝を具申した。

この太郎良中尉の謀略・宣伝工作は中野学校の教育が参考になった。

ポーランドへの電撃作戦を実施したドイツ軍が、宣伝中隊をもって中央放送局を占領して、「ワルシャワ落ちたり」の宣言を全世界に向けて放送した。これが当時の東部戦線の戦況推移と、世界の国際関係に大きな影響を与えたことを太郎良は中野学校での教育から思い起こして、「特殊ラジオ放送」を発案したのであった。

一九四二年三月、第一六軍は蘭印軍を屈服させ、その後、同地に行政と軍政を敷いた。インドネシアに子弟教育のための学校を開設し、エリート教育を実施した。これは従来のオランダによる植民地政策とは異なり、インドネシア人の独立機運を高めた。

しかし、日本は、武器を与えられた住民が反日運動に加担するのではないかという不安から、容易にインドネシアの独立を認めず、代わりに住民の動員や資源調達ばかりを求めたので不満が高まった。

一九四三年一〇月、紆余曲折を経てようやくインドネシアに「郷土防衛義勇軍」（以下「ペタ」と略す）が創設され、計三万八千人の将校が育成された。

ペタの創設に際し、一九四二年末に設立の「青年道場」（インドネシア特殊要員養成隊）が大きく貢献した。青年道場は、隊長の柳川宗成中尉（乙I長）ほか中野出身将校らによって設立・運営され、インドネシア人青年に秘密戦や遊撃戦の教育を行なった。

その後、青年道場の卒業生はペタの中核要員となり、その一人がのちの大統領スハルトである。日本の敗戦後、ペタは解散するが、ペタ出身のインドネシア人がオランダとの独立戦争（インドネシア独立戦争）で重要な役割を果たし、インドネシアの独立に貢献した。すなわち、中野学校の教育がインドネシアの独立に影響を与えたのである。

占領期間中、ペタは日本軍の指揮下に置かれ、軍事訓練などは日本軍の「歩兵操典」を基準に厳しく行なわれ、「軍人勅諭」をもとに精神教育も行なわれた。

ただし、今日、当時の日本の行政や軍政を称賛する動きが一部にあるが、日本の流儀や思想が現地で受け入れられたわけではない。

日本の戦況が苦境になっていた一九四四年二月、米《こめ》の強制供出や労務問題に反発して、イスラム指導者に率いられた農民蜂起が起こり、日本軍憲兵三人が殺害された。この関係者を断罪したことで憎しみが増幅され、反日抵抗運動が続発するようになる。

一九四五年二月一四日深夜、ジャワ東部のブリタル（スカルノの出身地）で、ペタのブリタル大団が反日蜂起を起こした。ブリタル反乱は、日本が軍事教練した軍事組織が公然と蜂起した点で、軍政当局に与えた影響は大きかった。

豪北での中野出身者の活動

フィリピンでは、一九四一年一一月、本間雅晴中将を司令官とする第一四軍が編成され、同年一二月から攻略戦を開始し、一九四二年一月にマニラを占領した。

総司令官マッカーサーと後任のウェーンライト中将の指揮で米比軍は抵抗を続け、四二年四月上旬まで激しい攻防戦が続いた。

第一四軍では中野出身者の谷口義美少佐（2甲）が一九四四年九月、第一四方面軍防諜班長となり、中野二俣分校の出身者と関わりを持った。

一九四四年一二月二六日に着任した二俣一期生出身の三九人が二～三人、または単独で各地の特殊機関あるいは島嶼所在の一般部隊に派遣された。谷口は一九四五年五月に奇兵隊（四個中隊編制）隊長を兼務して米軍の背後で遊撃戦を展開した。

その際、二俣一期生出身三九人の一人で杉兵団に配属されてルバング島に派遣されたのが小野田寛郎少尉である。そのため戦後の小野田の救出劇に際し、谷口が戦闘命令の解除を伝達するという形式をとったのである。

濠北方面（オーストラリアの北方、インドネシア東部とニューギニア方面）では、一九四三年中頃の遊撃戦の成果が大であった。

このため、中野学校で遊撃戦教育を実施して、遊撃隊戦闘教令を制定した。

同時に、一九四三年一〇月から一一月と、四四年一月から三月の二回、中野学校で将校・下士官に対する遊撃課程が設置された。これを基礎に一九四四年四月、二俣分校が創設されたのである。

ニューギニアでは、米軍との遊撃戦を想定して第一遊撃隊が創設され、一〇個中隊（一個中隊は二〇〇人前後）で編成された。

各中隊の基幹要員となったのが中野出身者で、とりわけ二俣分校の出身者であった。

一九四四年初頭、第一遊撃隊は中部ニューギニアのホーランジャで米軍の上陸を待ち受け、遊撃戦を行なう計画であったが、米軍の侵攻は予想以上に早く、四個中隊を派遣するにとどまった。ほかにフィリピン南方のレイテ島に一個中隊、ニューギニア西方のセラム島に二個中隊、同北西のモロタイ島に三個中隊を派遣することとなった。

第二軍情報班の動員業務は山本嘉彦中尉（乙I短）が主任となり、情報班長は小森正夫少佐（1甲）が駐蒙軍司令部付より異動した。

この情報班には関東軍、参謀本部、中野学校から数多くの中野出身者が転属し配置された。第二軍に所属した中野出身者は三〇人を数えたが、そのうち一〇人が戦死した。

失敗した少数民族工作

山本武利著『特務機関の謀略』には、南方戦線（インパール作戦）での「日本課報活動の欠陥」の一つとして少数民族工作（異民族工作）の失敗が指摘されている。

日本軍は国民軍の扱いにおいても、前線での工作活動においても、原住民の性格や事情を無視しがちであった。そのため、かれらの本当の協力をえられなかった。それどころか傲慢な対応は戦局悪化で裏目に出た。日本側工作員だった原住民は平然と連合軍に寝返った。手塩にかけて育てたつもりだったビルマ軍にも見捨てられた。またインドへのスパイ工作も下手な鉄砲も数撃てば当たるという人海戦術を取ったため、投入されるインド人スパイの心の不安感を解消するシステムの開発まで考えが及ばなかった。使い捨てのつもりで養成したスパイ工作員や原住民、さらにはかいらい勢力に、日本軍も光機関も最後は捨てられた。

他方、インパール作戦に従軍した朝日新聞記者の丸山静雄は著書の中で「日本の民族工作は一時的には、そして部分的には一應成功したものもあつたが、大局的には結局失敗に終わつたものというべきであろう」（『中野学校―特務機関員の手記』）と結論付けている。

ビルマ工作について丸山は、鈴木敬司大佐を「稀にみる腕きき、しかも剛腹一徹であつた。ビルマ謀略を創始しこれを完遂し、ＢＩＡ（注、ビルマ独立協会）を今日の大軍に育成したものこそ外ならぬ鈴木大佐だ」と称賛する一方で、次のような評価を下している。

「南機関の発足当時にあっては、南機関は確かにオンサンら脱出者の心を掴んでいた。しかし、鈴木大佐の帰国後は、相次ぐ干渉から、精神的にはほとんど分離していた。いかにビルマ軍の動きを掴んでいなかったかということは、叛乱を期して進発するビルマ軍の真意に誰一人気付かず、感激して壮行会を開いているのでも判ろう」（前掲書）

このように、陸軍ビルマ方面軍の全面的敗走の直前に、ビルマ軍が英軍と通じてわが軍との協力関係を破棄した時の顛末を述べている。（212頁参照）

丸山はF機関の工作についても次のように評価している。

「憲兵隊と特務機関の衝突は各地に見られ、スマトラでは藤原機関が全島を抑えたのに、後からきた憲兵隊はこれを快く思わず、藤原機関に所属していた工作員や原住民を片っ端から摘発し、藤原機関を潰したのみか、同機関がそれまでに上げてきた原住民懐柔の諸工作をことごとく水泡に帰してしまつた」（前掲書）

また、少数民族工作が失敗した理由を次のように分析している。

日本の工作が戦場謀略の域を出ていない、親切を押し売りした、自分一個の考えをそのまま原住民に押し付けた、自分は信頼しないで相手側には完全な信服を要求した、産業計画も日本人中心で現地人にとって重要なゴム園に塹壕を掘りヤシを切り倒すという状況だった、準備期間もなく一日の工作で一年の成果を期待した、工作班・特務機関は軍の機関でありながらどこでも必ず部隊や憲兵隊と対立し醜い争いを続けた、軍は原住民の立場よりも先に作戦上の要求を考え、物資や勢力の供出を強要した。

戦後、丸山は革新派の社会運動家として活動する。筆者はかつてバングラデシュ大使館に勤務した際、在留邦人の現地使用人（バングラデシュ人）に対する親切心と傲慢さが入り混じった対応に接し、日本人気質の一端を感じたことがある。つまり、丸山の思想的背景を差し引いても、彼の指摘・分析に納得できる点がある。

人間愛を貫いた中野出身者の活動

他方、丸山は次のように述べている。

「工作そのものは確かに失敗であり、各工作班の行つてきた跡をみれば、非常な無理があつた。それだけ強制、脅迫の事実もなしとしない。しかし、それらの中にも、幾人かは温かい、深い人間愛をもつて原住民の中に融けこんで行つたことを私は知つている。これらの数は極めて少ないが、これだけは消えずに、忘れられずに残るであろう。ところがこういう人達に限つて、みんな死んでいる。皮肉なものだ」（前掲書）

丸山は同書で、インパール作戦に光機関の要員として参加した中野出身者である金子昇大尉（乙Ⅱ長）、山田隆一大尉（乙Ⅱ長）、久保盛太中尉（乙Ⅱ長）が、現地人工作員に愛情と誠実をもって接し、現地人の心をよく掴んでいた状況を描いている。なお山田はインパール作戦で戦死した。

おそらく丸山がここでいう「人間愛をもって原住民の中に融け込んで行なった」者の中に中野出身者が含まれていたことは確実である。

これらのことは吉原政巳ら関係者による精神教育の賜物であったといえよう。すなわち、真の日本人たるべき教育、異民族まで拡大した「誠」の精神の涵養、民族解放の戦士としての自覚、これらの教えが少数民族工作の中で発揚された。

前述の「実際に、中野出身者は現地人への愛情と責任から、みずからの現地軍に身を投じる者すらあった」（178頁参照）という記述も誇大ではないのである。

中野出身者が現地住民に愛情を持って接したことが、住民の琴線に触れ、それが戦後のアジア諸国独立の礎になったことは想像にかたくない。

本土決戦

沖縄戦と中野出身者の活動

一九四三年の中頃から、参謀本部は遊撃戦の組織的研究と遊撃戦の要員教育を中野学校に命じた。（106頁参照）

二俣分校が創設された時点で、本土決戦は想定されておらず、南方諸地域での遊撃戦を目標にしていた。

しかし、二俣一期生二三〇人が卒業する頃には、フィリピン情勢の先行きは厳しく、日本は本土決戦準備を迫られていた。

一九四四年七月、日本の絶対防空圏の要であるサイパン島が陥落したため、陸海空戦力を結集してフィリピン・台湾・本土方面の洋上で米豪軍を迎撃する捷号《しょうごう》作戦を計画し、捷一号（フィリピン）、捷二号（台湾、南西諸島）、捷三号（本州、四国、九州）、捷四号（北海道）の四つに区分した。

一九四四年一〇月から始まる米軍のレイテ沖への進出を受けて、捷一号作戦が発動された。

当初、日本軍はルソン島決戦を予想していたが、台湾沖航空戦の大成果を誤信して、より南方のレイテ島での決戦に臨んだ。しかし、約二か月の戦いで日本軍は敗北し、ルソン島での決戦を諦めて、沖縄、硫黄島を次の決戦場とした。

沖縄では、多数の中野出身者が、現地の第三二軍司令部に勤務したほか、各地の遊撃部隊に配置された。

国頭《くにがみ》地方に配置された第三遊撃隊、第四遊撃隊の隊長以上の幹部は中野出身者で構成された。

両遊撃隊は、現地部隊長の下で編成される一般の遊撃隊ではなかった。大本営の令達に基づき編成管理官が任命され、隊の幹部要員は陸軍大臣が直接配属を命じた。つまり、部隊の独立性と自主性が重んじられたのである。

一九四四年八月二九日、沖縄の第三二軍に第三、第四遊撃隊の編成が下令された。村上治夫、岩波寿の両中尉（同年一二月に大尉、3乙）以下の中野出身の幹部将校と下士官は九月中旬以降、那覇に到着して、第三二軍司令官を編成管理官として、同情報参謀が編成業務を開始した。

編成は一〇月一三日に完了し、これらは防諜上、第一護郷隊、第二護郷隊と呼称され、編成完結後に第三二軍に編入された。

ここで重要なことは編成管理官が第三二軍司令官であった点である。前述のように両遊撃隊は独立性と自主性が重んじられた特別な組織で、中野出身者が編成に関与したが、中野学校が遊撃隊を組織したわけでない。すなわち、中野学校が沖縄戦で遊撃戦を主導した事実はないのである。

さらに太平洋戦争末期、陸軍は南西諸島および本土周辺の離島に残置諜者を配備した。その最も大規模なものが、大本営陸軍部直轄特殊勤務隊で、中野出身者による特務班（通信隊）である。一般の秘密戦、遊撃戦要員とは別に大本営から直接、沖縄に送り込まれた諜報部隊である。

沖縄の戦況を日々大本営に報告することが主たる任務であった。彼らは日本軍が壊滅しても作戦を継続し、大本営に沖縄の状況を報告する任務を帯びていた。

また、第三二軍も独自の離島工作員を配置した。彼らは県知事と交渉し、正規の国民学校訓導または青年学校指導員の辞令を発給してもらい、各離島工作員はそれぞれ偽名の〝先生〟になりすまして赴任した。

各工作員は、青少年に郷土防衛の精神（護郷精神）を植え付け、遊撃戦の戦闘技術を教育し、遊撃戦、ゲリラ戦の幹部を養成し、護郷のための組織作りを行なった。

これら工作員は、第三二軍の発意で派遣されたものの、本名と身分の秘匿を命じられた。このことが〝国民への欺き〟として、今日の沖縄戦への批判の根っこを形成しているのだろう。

他方、中野出身者が現地の人々に真心で接し、住民から慕われていたとの証言も残っている。

義烈空挺隊と中野出身者

一九四四年六月一五日、米軍がサイパン島に上陸した。サイパン島に米軍基地が築かれれば、東京、大阪などの主要都市を含む本州の広い範囲がＢ29爆撃機の行動圏内に含まれることになる。

一九四四年一一月末、米軍に奪われたサイパン島の飛行場に強行着陸してＢ29を破壊する切り込み隊として「義烈空挺隊（神兵皇隊《しんぺいすめら》）」を編成した。

隊長は奥山道郎大佐（享年二六、二階級特進）が務めた。

一九四五年五月、義烈空挺隊は熊本市の健軍飛行場（熊本陸軍飛行場）から出撃し、連合軍に占領されていた沖縄の嘉手納飛行場と読谷飛行場に攻撃を行なった。総勢一六八人のうち一一二人が戦死した。

この激烈な攻撃の前に二度の出撃が予定されており、最初のサイパン島突入に中野出身者は深い関係があった。

日本軍は南方戦線での戦争が本格化すると、中野学校で秘密戦の教育を受けた要員を南方の島々に配置した。

つまり、連合軍の侵攻により占領されたのちも「残置諜報員」として同地に留まらせ、敵情などの情報収集を行なわせた。

サイパン島にも残置諜報員は配置されたが、同島が陥落して以降、その消息は途絶えた。そこで、大本営はB29の出撃状況や日本軍の空襲の戦果を確認するため、義烈航空隊のサイパン島突入に合わせて、中野出身者を同島に潜入させることを計画したのである。

一九四四年一一月末、中野学校二俣分校の最初の卒業生である一期生六人に加えて、6丙×二人、6戊×二人の計一〇人が選ばれ、奥山率いる神兵皇隊に合流（計一三六人）した。ただサイパン島への残置諜報員としての潜入任務は中野出身者一〇人だけの秘密とされ、ほかの空挺隊員には知らされなかった。

しかし、硫黄島での日米戦闘が激化し、同島が陥落したことでサイパン島への突入作戦は中止となった。

予定どおり突入が行なわれていたならば、同島内での中野出身者の秘密戦・遊撃戦は困難を極め、全員が戦死したであろうことはほぼ間違いない。

終戦をめぐる工作

本土決戦態勢に入ると、中野出身者の人事異動は急に慌しくなった。関東軍および支那派遣軍から内地に戻る者、参謀本部から南方軍および国内の地区司令部へと派遣される者が多数現れた。

こうした中、宮城《きゅうじょう》（皇居）で一部の陸軍省軍務局と近衛師団参謀による、阿南陸相を擁して最後まで徹底抗戦を貫くためのクーデターと天皇の玉音放送を阻止することなどが計画（宮城事件※）された。

「中野の同志の中にも『ポツダム宣言受託は、全くの無条件降伏であり、それは皇室の抹殺と一億国民の滅亡につながるものである。このようにして生き残った日本は、もはや光輝ある神国日本ではなくて、亡国の形骸である』と叫ぶ者も相当数あった」（『陸軍中野学校』校史）

一九四四年八月一〇日、一期生の日下部一郎、猪俣甚弥、渡辺辰伊、阿部直義を中心に中野学校の有志が神田駿河台に会した。この席上には、参謀本部の椎崎二郎中佐（宮城事件の首謀者の一人）も出席した。椎崎中佐は、阿南陸軍大臣の徹底抗戦の意思を伝え、中野出身者にクーデターへの参加を求めた。

日下部少佐は、若い後輩たちにクーデターへの率先参加を促したが、参謀本部第五課に勤務する秦正宣少佐（乙I長）は、中野学校卒業後のドイツ勤務で、敗北に向かいつつあるドイツの状況を目の当たりにした経験から「クーデターは失敗する」と断じ、「むしろ敗戦後の国家再建策を検討すべき段階ではないか」と諭した。

日下部をはじめ一同は秦の自重説を受け入れ、さらに情勢を検討しつつ再集合することで散会した（結局、八月一四日の中野出身者による再会合ではクーデータには参加しないことが決定された）。

ちょうどこの時、陸軍省次官秘書官の広瀬栄一中佐（のちの自衛隊・陸幕第二部長）から、北白川宮道久王を日本のどこかの田舎にかくまう皇統護持工作についての話し合いが持ち込まれた。一期生の越村、猪俣、日下部、阿部、渡辺の各少佐は広瀬中佐の計画に賛同し、新潟県六日町に道久王をかくまう準備を開始したが、ＧＨＱは昭和天皇の生命を脅かすことはなく、彼らの行動は事前に暴露されたため、実行までには至らなかった。

また、学校研究部教官の太郎良定男（乙Ｉ長）少佐は八月一三日、自らの出身地防衛軍（西部軍管区）での遊撃戦指導に向かう途中、午前一一時頃、参謀本部第二部に立ち寄った。そこで同期の秦少佐から「いまさら遊撃戦指導の段階ではない」などと諭され、同部第五課長白木末成大佐の要請に応じ、太郎良は同日午後には相当長大な「占領軍監視地下組織計画」を作成して提出した。

本計画には、占領軍が国体変革の強行、日本国民に対する虐待行為、「ポ」宣言並びに国際法違反行為などがあった場合に、それが中止されるまで、所要の抵抗措置を取るための秘密組織を作ることなどが標された。

「但し、本組織を以て地下武力組織とはせず、努めて平和的市民生活を営みつつ、基盤の強化と向上を計り、占領政策の監視と対応策を研究し、必要な場合の具体的工作の実践に当たる、というものであった」（『陸軍中野学校』校史）

矢吹尚文大尉（乙Ⅱ短）、今井四郎中尉（5丙）および若干の8丙見習士官が八月五日正午近く、天皇の玉音放送を阻止しようと、爆死を覚悟で放送局に潜入した。しかし、放送設備が二か所に用意してあり、一か所の爆破だけでは無意味だと知らされ、退去した事件もあった。

このように終戦をめぐり、一部の中野出身者は国体を維持するために、秘密戦士として何をなすべきかを個人あるいは同志とともに模索した。

ただし、中野学校がこうした活動に組織的に関与したということではない。あくまでも、中野学校での教育が彼らの使命感を掻き立て、自律的判断により彼らは行動したのであった。

（※）一九四五年八月一四日の深夜から一五日にかけて、宮城（一九四八年七月一日以前の皇居の呼称）で一部の陸軍省勤務の将校（椎崎二郎中佐、畑中健二少佐ほか数名）と近衛師団参謀が中心となって起こしたクーデター未遂事件。

第8章　中野学校を等身大に評価する

最終章にあたり、本書の趣旨を再度申し述べたい。一つは中野学校がスパイ組織として非合法な活動を行なっていたなどの誤認識を排斥して中野出身者の英霊を慰め鎮めることである。もう一つは秘密戦に活路を見いだそうとした中野創設者の思いを現代の教育に再生することである。

以下、中野学校の「鎮魂と再生」に思い込めて本書の締めくくりとしたい。

「替わらざる武官」とは何か

過大評価が生み出す悪弊

今日、どちらかといえば中野学校は実態よりも過大、誇大に捉えられている。他方で、中野学校を情報機関や謀略機関として誤認識し、それを各国の情報機関として比較して「大したことはなかった」と過小評価することもある。これらはいずれも間違いである。

過大評価は、次のような副次的な問題を引き起こすのでより厄介である。

その一つが、わが国の敗戦原因を「情報の軽視」と総括する歴史史観への〝アンチテーゼ〟であろう。

すなわち「わが国は情報を軽視していなかったし、日本は当時から高度な秘密戦のノウハウを持ち、中野学校という情報専門の先進的な機関を有していた」などの思い込みである。ここから、「今後の日本の情報組織や情報活動のあり方を模索するためには、中野学校に学べばよい」などの短絡的思考も起きる。

確かに中野学校について調べると、そこには先進的な教育内容や手法が見られ、現在につながる教訓も得られる。

しかしながら以下の点は認識しておくべきである。

第一に、中野学校創設時に目指した「替わらざる武官」の運用は太平洋戦争の開始によってほとんど奏功しなかった。海外勤務を命じられた一期生、乙Ⅰ（二期生）および乙Ⅱ（三期生）は帰国を余儀なくされ、本来の「替わらざる武官」としての活動はほとんどできなかった。

第二に、太平洋戦争の開始にともない、中野出身者の活動は秘密戦から、海外での遊撃戦、そして国内での遊撃戦へ変化した。中野出身者は各軍、師団、機関などの第一線に配属され、これら組織が実行する武力戦に併用する遊撃戦に従事した。

第三に、一期生、二期生は終戦までに順当に少佐に昇任したが、彼らが主体となって大がかりな秘密戦を取り仕切ることはなかった。中国大陸では、すでに「支那通」による政治謀略が多層的に行なわれており、年若い経験の乏しい中野出身者が出る幕はほとんどなかった。

南方戦線では多くの中野出身者は班長、組長レベルで、少数民族工作に参加したが、それらの工作は必ずしも所望の効果は上げられなかった。

これらのことを認識せず、しかも中野学校が陸軍内の一教育機関であることを忘れて、後述するような「中野学校がもう少し早くできれば、太平洋戦争は回避できた」かのような感覚論に基づく過大評価は禁物である。なぜなら、問題の本質を遠ざけるからである。

また、根拠に乏しい過大評価は、映画『陸軍中野学校』や小野田少尉にまつわる特殊事例が独り歩きし、中野出身者が北朝鮮情報機関を作ったなどの〝都市伝説〟や戦後の帝銀事件、下山事件、白鳥事件などの謀略テロに関与したなどの不確かな噂を広める原因にもなるのである。

だから、中野学校の誤認識を排斥し、現代的教訓を導き出すためには、まずは中野学校を等身大に評価することが必要不可欠なのである。

中野学校の創設がもう少し早ければ？

今日「中野学校の開始がもう一〇年早ければ」といった〝謎かけ〟がある。たとえば中野出身者加藤正夫（8丙）の『陸軍中野学校─秘密戦士の実態』の中で、「歴史に『もしも……』ということはありえないが、陸軍中野学校の設立が昭和十三年ではなく、それより十年早い昭和三年であったら、大東亜戦争の日本の、あのような敗北はなかったのではないかとの見方もできる」との記述がある。

加藤の主張は次のように整理できる。

●中野学校の生徒の多くは一般大学、高等専門学校出身者である。柔軟な思考法で戦争に対処し、武力戦で強引に勝つことではなく、秘密戦によって難局の打開を目指していた。

●しかし、一期生の最高階級は少佐であり、軍部内での影響力はなかった。

●仮に、昭和三年に開校していれば、将官クラスも輩出し、軍内での影響力を有したであろう。彼らは世界情勢を正確に認識し、判断することを心がけていたから、秘密戦による早期和平も可能であったろう。

各領域での優れた人材の結集が国家の正しい判断を生むとすれば、中野学校の早期創設が戦争回避につながった可能性はなきにしもあらずだが、前述の見解は希望的観測の域を出ていないといわざるを得ない。

まず、同校の厳しい学生の選抜要領、卒業後の配属先での評判、そして戦後社会での活躍を見ると、中野出身者が優秀というのは間違いないが、これが軍隊での昇任にどの程度影響するかは疑問である。

陸軍大学校（三年教育）を出た〝天保銭〟組は、まず順当に将官になれるが、陸士出身者でも陸大を出ない者が将官になるのは稀である。

中野出身者が陸大に入学しようとしても、最初の補職先で秘密戦の実戦を積みながら陸大の入試準備をしなければならないため、不可能に近い。そこで考案されたのが、乙種（陸士出身）および丙種（幹部候補生・予備士出身）の学生課程を終えて一定期間、秘密戦に従事した大尉、中尉を対象とした甲種学生制度である。これはいわゆる歩兵学校や砲兵学校の甲種学生と同じで陸大専科卒業と同待遇を与える構想であったが、太平洋戦争開始によって実現しなかった。なおこの制度が実現しても、陸大出と同じ人事扱いということではなかった。

陸軍中枢に登用されるには、陸大という最高学府での教官、上司との結びつきも重要な要素になる。同じ陸大出であっても、作戦将校が幅を利かせて情報将校は軽視されていた。その〝作戦屋〟でも東條英機らが率いる「統制派」もしくは「親独派」が幅を利かせていたのである。

このような階級・派閥・作戦第一主義は太平洋戦争のあるなしにかかわらず続いていたであろう。

要するに、中野学校がもう一〇年早くできようが、親独派が幅を利かせる作戦第一主義の牙城を崩すことは不可能なのである。ましてや中野出身者が軍内で大きな影響を持つ可能性はほとんどなかったと言わざるを得ない。

いま一度、中野学校の創設目的に目を向けてみよう。

秘密戦で成果を上げるには一か所に留まり、長期勤務が不可欠だが、陸士出身の武官は転属により昇任させなければならない。そこで甲種幹部候補生・予備士官学校出身者に目が向けられた。転属・昇任という官僚主義が中野学校という制度を生んだのである。

彼らの登用は柔軟な思考力が秘密戦に適しているという面もあったが、彼らなら昇任・出世を捨てることを躊躇しない〝捨て石〟の役目を果たしてくれるという面も大きかった。

このような階級絶対主義は、戦争のあるなしにかかわらず、中野出身者の活躍を妨げたであろう。つまり、階級絶対主義が存在する以上、秘密戦士を何らかの別の処遇によって報いないかぎり、優秀な秘密戦士を確保・育成し、組織としての秘密戦の機能を強化することはできないのである。

「替わらざる武官」とは何か

秋草のいう「替わらざる武官」とは何か。それが一般外交官として軍人キャリアを秘匿して海外勤務することに留まるのか、それとも日露戦争時の花田仲之助《はなだなかのすけ》（一八六〇〜一九四五年）、石光真清、あるいはゾルゲのように軍歴を捨てて、民間人（後述するNCO）に偽装して秘密戦に従事するのか、その具体像が語られることはなかった。

おそらく秋草が意味する「替わらざる武官」のイメージは、都市部の残置諜者、すなわち身分を隠した諜報員あるいは秘密工作員であろう。

諜報員が任国で怪しまれずに活動するには、通常、経歴を偽り別人になりすます。一期生などに偽名が与えられたのも、その一つである。

これを米国では「カバー」というが、そのカバーには公式な「オフシャル・カバー」と非公式な「ノン・オフィシャル・カバー（NOC）」がある。

前者は情報機関の要員が外交官やその他の政府関係者などになりすますことである。これは、相手国の情報機関の厳重な監視下に置かれるため、活動が制限されるが、活動が露見しても外交特権で逮捕・拘留を免れることができる。

しかし、長く同じ任国に配置すると怪しまれるため、本国や第三国を行ったり来たりする。期間が長期にわたると大島浩駐独大使のように任国に利用される危険性もある。

後者の「ノン・オフィシャル・カバー」は、任国での自由な活動が可能で、外交関係が断絶しても留まることができる。しかし、本国との連絡保持に困難がともない、活動が露見した際の身分保証もない。政府の公的保護を受けない最も危険の高い業務である。しかも、軍人に戻ることは容易でなく、不退転の決意が求められる。

丸山静雄は、インパール作戦での少数民族工作の失敗の原因に「戦場謀略の域を出ていない」ことを挙げ、藤原機関でさえ開戦二か月前に設置された程度では、重要な情報はつかめないし、現地の民心も引きつられないと指摘した。

さらに、一八歳から二〇年間、ずっと現地で生活し、ビルマ語、チン語、マニプール語、インド語を解する英国人の友人の例を挙げている。

米国も同様にキリスト教の布教を名目に宣教師を中国大陸に派遣して、長期間、水面下での秘密戦を展開していた。

日本でも明治期には、花田仲之助や石光真清の〝捨て身戦法〟ともいえる個人的活動が陸軍の対ロシア課報活動を裏で支えていた。

花田は、荒尾精、根津一、明石元二郎と陸士同期であるが、士官学校時代から「荒尾の肝」、「根津の知」とともに「花田の徳」といわれ、明石以上に将来を嘱望されていた。

僧侶に扮して課報活動を続ける花田は、田村怡与造《いよぞう》（のちの参謀次長）第一部長に「軍人の務めを果たすか、坊主になるか、はっきり返答してもらおう」との質問に「私は坊主で結構でごわります」と応じた。そこには当時の参謀次長（のちの参謀総長）の川上操六の命に応える不退転の決意がみられる。

石光真清も、川上の命を受けて予備役を経て課報員となり、現地で洗濯屋や写真屋に偽装して秘密戦に従事した。その活躍は花田以上によく知られているが、石光の晩年は国家から格別の報酬や支援を受けることもなく、総じて不遇であったといわれている。

陸軍は中野出身者に花田、石光のような役割を求めたとすれば、それに対する対価や将来のキャリアパスをどのように考えていたのであろうか。

外務省で情報分析官などを務めた著述家の佐藤優氏は、二〇二〇年に民放ラジオ番組に出演し、ロシアのSVR（対外諜報庁）は教育に長日の時間をかけるとして次のように述べている。

「だいたいSVRの出身者は、日本でいうと東京大学に相当するような国際関係大学というところに17歳から入ります。それは普通の大学で、5年間が終わって22歳になると、国内のFSB（筆者注：ロシア連邦保安庁、防諜組織）になるための学校が2年間なのです。そこで教育を受け、その後対外諜報の専門家になる訓練を3年間受けます。これは変装術、経歴を全部変えてしまう技術、素手で人を殺す技術のようなことを全部やります。暗号、秘密インクの使い方。これは、切手の裏などに貼って通信をするインクです。それとか、コンピュータのなかで普通の写真を送っているようにして、そのなかに暗号情報を隠す技術などを覚えます。そして、それだけで終わりではないのです。あの人たちは、それ以外に必ずもう一つ完璧にできる職業を身につけるのです。通商代表部は商社ですよね。ソ連時代は商社で、戦後は日本でジェトロのような貿易振興のところをやっているのですが、商社員としてのプロの訓練も受けているはずです。例えば、ジャーナリストの訓練を受ける人はタス通信社やノーボスチ通信社という会社があるのですが、そこで何年くらい訓練を受けると思いますか?
5年です。それで、記事を書けるようにするのです。記事を書けるようにするから、本物の記者でもあるのです。なぜ記者に偽装するかというと、記者だったら総理大臣でも官房長官でも学者でも街の普通の人でも、誰と会ってもおかしくないですよね。ただし、記者だと不利なこともあります。取材しているのに、全然記事を書かない記者だったらどう思いますか? だから、ときどき記事を書くのです。では、取材をしていても、記事を書かなくても怪しまれない職業は何だと思いますか? 学者です。そういう人たちはだいたい博士号まで取っているから、研究機関に5年くらいいて、学者としても独り立ちできるようになっているのです」(佐藤優が明かすロシアスパイの教育とプロの掟――ニッポン放送NEWS ONLINE)

佐藤氏の発言は決して誇張とは言えない。イスラエルの伝説の課報員であるウォルガング・ロッツの著書などを読んでもNCOになるのは並大抵ではない。要するに、一年足らずの教育でNOCになることは不可能なのである。つまり、その後の将来設計を含めた組織的な支援が必要なのである。

秋草が「替わらざる武官」という青写真を描いたものの、彼らの長期にわたる活動上の問題点をどれほど真剣に認識していたかは疑問である。少なくとも今日では、現実的な組織的支援を欠いて、精神論で使命感を鼓舞して国家の〝捨て石〟なることを期待しても理解を得られないであろう。この点は、わが国がヒューミント機能の強化を論じるうえで念頭においておくべきである。

国家としての政戦略がなかった

中野関係者は少なからぬ反対論を退け、自助努力をもって学校を開校した。そして、選りすぐりの秀英である中野出身者は、アジア諸国の解放戦争などで成果を上げた。

しかし、中野学校は国家全体としての意思決定に影響を及ぼす存在ではなく、秘密戦の劣勢を挽回する〝ゲームチェンジャー〟にもなりえなかった。

それは、中野学校が陸軍内の一つの教育機関であって、国家レベルの情報機関ではなかったからである。

当時の日本の諜報活動には目を見張る成果も多々あった。戦後の欧米研究によれば、日本軍の暗号解読の能力は高く評価されている。日本の初のシンクタンクと呼ぶにふさわしい満鉄調査部（「経済調査会」）は地道なフィールドワークで関東軍などに貴重な情報を提供し、『満洲経済年報』など満洲国の国策に有用なデータ資料を編纂した。

海軍は真珠湾攻撃の前、英国およびドイツの元海軍将校を諜報員としてリクルートし、吉川猛夫海軍少尉を外務書記官・森村正として潜伏させ、真珠湾の艦艇停泊状況などの詳細情報を入手した。

こうした半面、日ソ不可侵条約の締結（一九三九年八月二三日）や独ソ開戦（一九四一年六月二二日）などの国際情勢の重大変化を先見・洞察できなかった。

第一次世界大戦後、各国はインテリジェンスの重要性を認識し、国家情報組織を整備した。第二次世界大戦が始まった時、英国にはＭＩ５、ＭＩ６、陸軍情報部、海軍情報部の四つの情報組織があり、いずれも首相直轄であった（一九三六年、情報を集約して、国家として一元的な情勢判断を下す政府横断型の委員会であるＪＩＣ〔合同情報委員会〕を創設して、チャーチル首相が直接統括した）。

ソ連は暗号の保全を強化し、鉄壁な防諜態勢を築き、共産主義イデオロギーに基づく思想戦、宣伝戦を推し進めた。ソ連に学ぶ中国共産党も巧みな秘密戦を展開した。

同盟を結ぼうとしていたドイツは、蔣介石国民党の軍事指導を行なったため、日本は支那事変の泥沼化に引きずり込まれた。

そして英米による国際宣伝によって日本の孤立化が仕組まれた。

本書では紙幅の関係上、諸外国の秘密戦の詳細については割愛したが、日本が諸外国の巧みな秘密戦に操られ、日中戦争の泥沼にはまり、望まない太平洋戦争に引きずられたことは明白である。

当時の日本は、諸外国が仕掛ける秘密戦の中で、真実の敵が誰か、どのような意図を持っているのかという情勢判断ができなかった。

他方、戦前の陸軍省戦争経済研究班（秋丸機関）や総力戦研究所では、当時の軍・官・民の将来を担う優秀な要員が集まり、来るべき米英戦争の趨勢を的確に予測（見積り）した。

しかし、残念ながら、秋丸機関の見積りは陸軍省主流派の政策を忖度したためか、結論が政策迎合的に修正された。総力戦研究所の見積りは研究機関であったために政策判断には影響を及ぼさなかった。

つまり、外務省、内務省、陸軍、海軍の上に立って、国家の情報要求を各組織に割り振り、それぞれが収集した情報を一元的に集約・処理・評価し、国家の統一した政策立案や秘密戦を指導する国家指導体制と情報統一組織が不在であった。すなわち、インテリジェンスを国家が活用する体制になかった。

こうした問題の本質を抜きにして、中野学校が「優れていたとか」「それほどではなかった」と論じても意味がないのである。

各組織が不要な対立を解消し、インテリジェンス重視の思想を共有し、国家として一元的な情勢判断を行ない、政戦略を一致させることができれば日本は違った道を歩んだであろう。

これこそが今に通じるインテリジェンスの教訓である。

中野学校への誤解を排斥する

秘密戦の誤解を解く

前述したように、秘密戦の一般的なイメージは、中野学校で行なわれた開錠、開封、潜入といったスパイ技術、沖縄戦で行なわれた遊撃戦、さらには登戸研究所（秘密戦研究所）による風船爆弾、偽札の製造、そして第七三一部隊が関与したとされる生物戦および化学戦などであろう。

森村誠一の『悪魔の飽食』（光文社）の信憑性はともかく、そこに描かれる第七三一部隊の暴虐性には目をそらしたくなるものがあり、ベストセラーとして多くの読者に悪辣なイメージを植えつけたことは間違いない。

こうして、秘密戦とは絶対に許されない手段をもって、相手側の情報を盗んだり、目的達成の障害となる要人を暗殺したりする行為との印象が固まった。

その結果、書籍やメディアの恣意的、あるいは過剰な記述によって、中野学校が卒業生を使って謀略などを行なったという誤解が社会に拡散された。

二〇一五年八月、ＮＨＫスペシャル『あの日、僕らは戦場で〜少年兵の告白〜』が放映され、その後に同放映をまとめたＮＨＫスペシャル取材班『僕は少年ゲリラ兵だった―陸軍中野学校が作った沖縄秘密部隊』（新潮社）が刊行された。同書には中野学校の小見出しや、「敵を殺せ、一〇人殺したら死んでもよい」などのフレーズが躍る。

丹念な取材の形跡もうかがわれるものの、そのまま読めば中野学校が一六、一七歳の兵役年齢に達していない少年を集めて、「護郷隊」という遊撃隊を組織し、殺人訓練を行なったという認識が刷り込まれる。

太平洋戦争の中期以降、中野学校が遊撃戦の組織的研究と遊撃戦要員教育を参謀本部から命じられたことや、沖縄戦での遊撃隊の大隊長および中隊長などの主要幹部が中野出身者であったことは事実である。

ただし、遊撃隊の編成業務は大本営の令達にもとづき、第三二軍司令官を編成管理官として、同司令部の情報参謀の指導の下に行なわれ、二つの遊撃隊が編成されて同軍に編入された。しかも、大戦末期、中野出身者は役職や階級からみて、大本営や参謀本部の作戦にはそれほど影響力はなかった。中野出身者は軍人としてその持てる秘密戦、遊撃戦の技術を駆使して戦った。しかし、それは第三二軍の作戦の中でのことである。正確を期すならば、中野学校が遊撃戦部隊を作ったわけでも、遊撃戦を実行したわけでもない。

もし、遊撃戦を指導したのが陸士出身者であれば、前掲の『僕は少年ゲリラ兵だった』の見出しは、「陸士が作った沖縄秘密部隊」となるべきだが、〝スパイ組織〟のイメージが先行する中野学校を持ち出し、中野学校＝秘密戦＝悪という印象操作を狙ったといっても過言ではないだろう。

日本のマスコミ関係者に中野学校の実態が正確に認識されず、秘密戦の本来の姿も理解されていないことが、このようなかたちで中野学校に焦点があてられる理由であろう。

問題は、こうした構図が現代にもたらす負の影響である。

秘密戦という一つの言葉をもって中野学校、登戸研究所、第七三一部隊が短絡的に連接される。中野学校の教育の一部をもって忌まわしい事実を強調する。秘密戦という後ろめたい隠微な言葉の響きとともに旧軍や中野学校が行なった情報活動が全否定される。

このような何もかも一緒に関連づける粗雑な論理の延長線で、今日の情報に関する組織、活動および教育が否定されることだけは絶対に避けなければならない。周辺国が情報戦を強化しているいま、日本がそれらに対抗して本来行なうべき正当な情報活動まで制約を受けることがあってはならない。

情報活動は国家が行なう正当な行為である。情報活動そのものを否定してはならないのである。

繰り返しになるが、中野学校は教育機関であって謀略機関を含む秘密戦の実行機関ではない。

あえて本書は「秘密戦」という言葉を使用したが、筆者の真意は、秘密戦＝悪という安直な見方におちいることなく、情報活動の必要性を理解していただきたいからである。

根拠不明な謀略説を排除する

さらに許しがたい状況として、書籍や雑誌で中野出身者が暗殺や毒殺、拉致などを働いたなどという記事がまことしやかに流布していることである。そこには中野出身者がマッカーサー暗殺計画や韓国の金大中拉致事件に関わったなどと記されている。

ただし、これらの記事は根拠が不明確で、信憑性に欠けると言わざるを得ない。すでに中野学校関係者などの反論もあるので、個々の記事について具体的な言及は避けるが、帝銀事件(※)に中野出身者が関与したという説もある。中野教育では謀略の授業が行なわれ、登戸研究所から秘密戦器材の提供を受けていた。登戸研究所は「関東軍防疫給水部本部」(満洲第七三一部隊)と研究、実験上の関係があった。そして中野学校の学生は、登戸研究所から講師が派遣され、第七三一部隊に所属する者から化学兵器、生物兵器などに関する講話を受けていた。(『風と雲と最後の諜報将校』)

こうしたことから、薬物知識を必要とする帝銀事件の犯人と中野出身者の可能性を結びつけようとしている。

既述したように、毒殺、爆破教育などは教育の中でわずかに教えられただけであり、所要の目的を達成するためには相当の訓練が必要となる。他方で、毒殺、爆破といえども、作戦との連接や所望の効果などを考えずに単に実行するだけであれば、当時の一般軍人や知識のある民間人でも実行は可能であろう。

要するに、さしたる根拠もなしに、安易に謀略事件と関連づけて吹聴すべきではない。事実を明らかにしたいのであれば、戦前の秘密戦、戦後の情報戦といった大きな枠組みの中で、複数の仮説を立てて立証すべきである。

これら秘密戦、情報戦に関与していたのは中野学校だけではない。秘密戦は中野学校が定義したとはいえ、同校創設以前から特務機関の活動なども含めて参謀本部の下で行なわれていた。

戦後、米軍の情報機関には中野出身者以外の旧日本軍将兵が多数所属していた。戦前戦後を通じて、国内ではソ連や中国共産党の意向を受けたとみられる組織的な暴力革命運動が行なわれていたし、帰還兵も暴力革命思想の洗脳を受けた可能性がある。

中野学校では個人目的での謀略の使用は厳しく制限され、国家目的のため、さらにはアジア解放のための謀略に限定すべきであると教育された。つまり、戦後の謀略事件と中野学校を安易に結びつけてはならないのである。

中野出身者の牟田照雄氏は、筆者の知人でもある鈴木千春氏の取材に対して次のように述べている。

「スパイ学校という表現を筆頭に、中野学校を書いた書籍、雑誌は多いが間違いが多い。メディアやマスコミの無責任な憶測から、全く関係がないのに下山事件、白鳥事件(※※)まで中野学校にこじつけられ、非常に不愉快です。中野学校には裏切り者も犯罪者もいません。誤解と中傷に怒りを感じます。

中野出身者は密かに熾烈に、黙々と国のために尽くしました。間違った情報が独り歩きし、私たちの『誠の精神』が踏みにじられています。これでは戦死した同志の英霊も安らかに眠れない」（『歴史群像』二〇二〇年六月）

我々は、牟田氏ほかの〝声なき声〟を重く受け止め、日本のために戦った英霊を慰め鎮めるためにも、いわれなき風説を排斥しなくてはならないのである。

（※）帝銀事件とは、一九四八年一月、豊島区の帝国銀行（のちの三井銀行で現在の三井住友銀行）椎名町支店で発生した毒物殺人事件。

（※※）下山《しもやま》事件《じけん》は一九四九年七月、国鉄総裁・下山定則が出勤途中に失踪、翌日未明に死体となって発見された事件。白鳥《しらとり》事件《じけん》は、一九五二年一月に札幌市で発生した警察官射殺事件。

牟田氏によれば、白鳥事件は、作家の松本清張が、共産党の元北海道地方委員会議長の吉田四郎（陸士61期）と中野4乙（陸士56期）の吉田四郎と間違え、「中野学校卒の吉田四郎を共産党に送り込んで、それが白鳥事件を起こした」という小説を書いたことや射殺手口が素人離れしていたことから中野犯行説が浮上した由。実際の犯人は南方の島から復員した海軍の兵曹長であった。この一例が示すように多くの中野犯行説は根拠に欠ける。

情報学校は中野学校の相似形ではない

二〇一六年「蘇る『陸軍中野学校』──来年度から富士に情報学校を新設」との見出しで次のような記事が掲載された。

「日本でも2007年に仙台市の市民活動家ら107人が、自衛隊の情報保全隊の監視活動によって精神的苦痛を受けたとして裁判を起こしています。陸自の情報学校は〝電子版の中野学校〟になる可能性が極めて高いのです。われわれ国民は防衛省に通信の秘密を侵される危険があることを肝に銘じなければなりません」(『日刊ゲンダイデジタル』二〇一六年九月一四日)

どのよう時代であっても、点と点を恣意的に結びつけて、読者をあおる論調は出てくるものだが、これはまったくの見当外れである。

ここで、中野学校と戦後の陸上自衛隊調査学校の関係および小平学校への改編を経て情報学校の新設に至る経緯について言及する。

保安隊(自衛隊の前身)に入隊し、調査学校の創設時の歴史を知る高井三郎氏は次のように解説する。

「調査学校は旧陸軍中野学校の復活と誤解する向きが非常に多いが、本来、陸上自衛隊の情報組織は米陸軍の制度に倣い形成された。……それ故に調査学校(現情報学校)の教育内容と体系も中野学校の相似形ではなく、米陸軍情報学校の制度を多分に参考している」(『国防態勢の厳しい現実─国防の主役たるべき国民に軍事のプロが訴える自衛隊の苦しい実態』)

一九九七年に国家戦略レベルの政策・軍事情報を扱う情報本部が新設されたことで、調査学校の戦略レベルの情報教育が少なくなり、二〇〇一年三月に調査学校は廃止され、同じ敷地にある業務学校と合併して小平学校になり、情報部門は一教育部（情報教育部）となった。

二〇〇六年には「統合幕僚監部」が新設され、情報本部に統合情報部が設置され、情報本部は統合幕僚会議下の組織から長官直轄組織に改編された。

同時に、各幕僚監部の調査部は廃止され、新たに陸上幕僚監部と航空幕僚監部には運用支援情報部情報課が、海上幕僚監部には指揮通信情報部情報課が新設された。

二〇一〇年三月二六日、陸上自衛隊に情報科職種が新設され、二〇一八年、小平学校情報教育部は業務学校から離れ、陸上自衛隊情報学校として富士駐屯地に新設された。

以上のように、国家戦略レベルの情報の取り扱いは情報本部に一元化され、各自衛隊の情報部門は統合運用体制移行にともなって改編され、陸上自衛隊の情報部門は災害派遣も含めた有事における作戦情報の強化にシフトしていった。

そのため情報学校は同じ富士駐屯地にある主要戦闘職種部隊の要員を教育する富士学校との連携を密にし、情報（インフォーメーション）を収集・処理し、迅速に作戦部隊に伝達する能力の向上を目指しているのである。

高井氏が述べるように、調査学校は中野学校の復活ではないし、情報学校の創設も情報職種化の流れに沿っている。根拠のない情報をもとに、新設された情報学校の健全な発展を損なってはならない。

今日の中野学校に対する誤解の多くは商売主義に乗った関連書籍によるところが大きいが、当事者およびその遺族、関係者が「中野学校は黙して語らず」を守り、正当な反論をしなかったことにも原因がある。

これは今日の防衛省および陸上自衛隊全般の教訓ともなりえる。「何でもかんでも秘密」ではなく、情報公開すべきものはしっかり公開し、根拠のない風説には反駁していくことが重要である。

謙虚にして敬愛心を持つ

今日、戦前の日本軍の戦争を「侵略戦争ではなく自衛戦争」、さらには「アジア解放のためにやった」と、戦前の日本を美化する傾向があるが、これについて筆者の意見を申し述べておきたい。

わが国は、日清・日露の戦争勝利によって不平等な条約を改正して当時の認識による「一等国」になるきっかけを得た。欧州での第一次世界大戦を横目にみながら、「一等国」の仲間入りを果たしたが、その頃からすでに太平洋戦争に盲目的に向かう要因がみられていた。

日英同盟の破棄、対華二十一か条の要求、軍縮をめぐる軍事と政治の対立、政党間の派閥対立、これらの根底に芽生えた尊大や自信過剰がさまざまな領域で浸透・拡大していた。

元来、日本は謙虚で、人道主義の強い国であった。明治維新後から国際法を学び、紳士的な国家になって世界の信頼を得ようとした。

日露戦争では、ロシア人捕虜を四国松山で厚遇するなど、世界に向けて人道主義を発した。第一次世界大戦でも徳島鳴門でドイツ人捕虜を丁重に扱った。

しかし、日露戦争に勝利し、アジア諸国やロシア周辺国から賞賛を受ける中、アジア人に対して「傲慢不遜」な態度が目立つようになる。

欧米諸国の仲間入り果たすにつれて、アジア人に対する蔑視の思想や感情が澎湃《ほうはい》し、それが「八紘一宇」などの美名のもとに、アジアの支配権拡大へ向かわせたという側面もあるだろう。

支那事変の泥沼化は中国共産党や諸外国による秘密戦などの影響を受けた側面は大きいが（55〜59頁参照）、他方で盧溝橋事件後の「暴支膺懲《ぼうしようちょう》」が象徴するように、わが国の尊大な振る舞いが中国での強烈な反日運動を生んだ側面もあろう。

しかし、現代の観点から日本の過去の帝国主義を批判するだけでは意味はない。当時の列強のあり方、日本国民の考え方や行動を照らし合わせ、日本の行動を評価すべきであろう。

列強に目を向ければ、米国は英国と独立戦争を戦い、原住民の土地を奪い、ハワイを併合した。一九世紀以降、米国、ロシア、米国、ドイツなどがアジアでの支配権の拡大を競い合って武力に手を染めた。

一九世紀以降、列強が次々とアジアに進出する状況下で、日本は迫りくる脅威に対抗し、「一等国」としての地位を維持するため、アジア諸国との連係を築くという政策をとったが、そこには一片の政治的正統性はある。

また、日本が台湾や朝鮮の植民地統治で疾病《しっぺい》を駆逐し、産業を興し、今日の発展の基礎を作った。アジア解放を大義とした日本の占領地行政が東南アジアやインドの独立の基礎となった点も評価したい。そして、これらの活動を行なった日本やその英霊諸氏に敬愛の念を抱きたい。

それでも、アジア諸国から見れば、日本の南方政策は生存権の拡大のための資源戦争だという批判は免れない。

筆者は現在の日韓関係などを見るにつけ、相手側の対応には苛立ちを覚えるが、日本が朝鮮半島を戦場にしたという事実は変わらないし、それを独自の歴史感で書き換えることは不可能なのである。

戦後の行きすぎた自虐史観を是正する必要はあるし、周辺国などによる歴史事件の書き換えなどに論理的に反駁するのは当然だ。しかし、劣位に対しては、尊大や自信過剰に走りやすいことも日本民族の一つの欠点として自戒し、歴史批判は謙虚に受け止めなければならないと考える。ましてや軍事組織に所属する者はいっそう謙虚であるべきだと考える。

インテリジェンス・リテラシーの向上を目指して

秘密戦の研究は排除しない

中野学校では情報活動あるいは情報勤務を「秘密戦」と呼称し、それを諜報、宣伝、謀略、防諜に区分して定義づけた。

これら四つは、表現は異なるが、諸外国のインテリジェンスの構成要素と同一である。（31頁参照）つまり、これらの四つの機能が一体化して情報活動は行なわれる。しかも諸外国は非公然な領域の活動も包含し、日本が不利になるような周到な試みを実施している。

情報活動が四つの手段に分類され、中野学校で教育されたことは、これらのどれか一つを欠いても情報活動の目的を達成できないことが認識されていたからにほかならない。

しかし、戦後は諜報、謀略、防諜は現代用語としてはほとんど用いられなくなった。言葉の使用がなくなれば、国家が当然に保有すべき情報活動、すなわちインテリジェンスの機能低下をもたらすことは必定である。

現在の日本は憲法に基づく「専守防衛」の政治戦略の制限があるため、謀略や諜報員を使った隠密諜報はなじまないところがあるし、そのような活動基盤もないので、「日本も謀略機能を持つべきだ」などの粗雑な議論は妥当ではない。

ただし、諸外国がこれらの情報活動を活発に展開している現状では、防諜の観点から謀略や隠密諜報を研究することは必要である。

情報活動の一つである「宣伝」にしても「パブリック・ディプロマシー」といって、政府が海外の世論に直接働きかけて、日本が有利になるような外交手法を強化すべきであろう。

「防諜」についても消極的防諜など、できるところから機能を強化することが必要である。防諜は、サイバー攻撃の脅威にさらされるＩＣＴ社会において、民間資源を守る点からも重要である。

今日、「超限戦」「ハイブリッド戦」「マルチドメイン作戦」など呼称はさまざまあるが、平時と有事、正規と非正規、戦略と作戦・戦術のグレーゾーンでの戦いが注目されている。

その中の平時、非正規、戦略の領域をカバーする戦いの原点が秘密戦である。それとＩＣＴの発達が結合した「情報心理戦」とも呼ぶべき戦い方が現代戦の勝敗を決すると言っても過言ではない。今日、国家安全保障やビジネスで注目されているサイバー攻撃もある種の情報心理戦なのである。

その意味からも、現代的視点で著された関連書を追うだけでなく、その原点である秘密戦を今一度研究する意義は大きいだろう。

批判的思考で発信者の意図を推測する

前述の『あの日、僕らは戦場で〜少年兵の告白〜』が放映されて以後、『僕は少年ゲリラ兵だった』をはじめ、関連書が次々と刊行されている。主要なものには『陸軍中野学校と沖縄戦―知られざる少年兵「護郷隊」』（吉川弘文館）、『少年ゲリラ兵の告白―陸軍中野学校が作った沖縄秘密部隊』（新潮文庫）などがある。

二〇一八年には映画『沖縄スパイ戦史』が公開され、二〇年には同監督の『証言 沖縄スパイ戦史』（集英社新書）が刊行された。

これらの著書と政治との関係は無縁ではないだろう。

二〇一三年一二月に沖縄県の仲井真弘多《なかいまひろかず》知事が辺野古の埋め立てを承認したが、一四年一月から同埋め立て承認の取り消し訴訟が開始された。同年一一月の沖縄県県知事選挙では翁長雄志《おながたけし》氏が、「あらゆる手段を尽くして新基地は造らせない」を公約に掲げ、現職の仲井真氏を破って当選した。

そして二〇一五年八月から九月にかけて、辺野古でのすべての作業が中止され、集中協議が五回実施された。結果、協議は決裂し、同年一〇月に翁長知事による埋め立て承認の取り消しに至った。

そのような時期に、NHKスペシャルの番組が放映され、その後に関連書の出版が続いた。つまり、これらには、基地の危険性を訴えることで米軍の撤退や自衛隊の移駐反対という政治メッセージが込められている可能性がある。

そもそも報道や著作には政治メッセージがあるし、拙著もその例外でない。

一般的に「寸鉄人を刺す」ような見出しやフレーズは政治宣伝の効果が高まる。そうした報道や記述に対して冷静に分析し、発信者の意図はどこにあるかを見極めることが重要である。

ただし、自分と立場や思想が異なる記事、情報、意見に耳を傾け、相手側の立場で物事を考え、無配慮に相手側の意見を「悪意だ！」などと撥ねつけてはならない。謙虚さを失わず、そのうえで「クリティカル・シンキング（critical thinking）」、すなわち批判的思考で発信者の意図を推測することが重要なのである。

「誰（who）が書いたのか？」「何のために（why）書いたのか？」「どのようにして（how）書いたのか？」という三つの「問い」をもって、情報（インフォメーション）を客観的かつ批判的に見ることは、フェイク・ニュースに惑わされないための秘訣でもある。

こうした批判的思考を各人が身に着けることが、国家や組織のインテリジェンス・リテラシーを高める重要な一歩となるであろう。

インテリジェンス・サイクルを確立する

日本は米中ロという大国に囲まれ、かつ多くの資源を諸外国に依存している。地政学的に見れば、日本ほど世界情勢を的確に見通す情報力が必要とされる国はない。

大本営情報参謀の堀栄三は、自著『大本営参謀の情報戦記』で、戦後の日本の行なうべきこととして、ライオンではなく、ウサギの戦法をとるべきだと主張している。つまり、情報収集に長けた耳を研ぎ澄まし、かすかな兆候もおろそかにしないことである。

残念ながら、現在の日本は「情報が重要だ」と言いながらも、「なぜ情報が軽視されるのか？」という突っ込んだ議論がなされていない。先の戦争の敗因を〝情報戦の敗北〟という一言で片づけて本質的な議論を回避しているのである。

不確実で先が見通せない時代にあって、インテリジェンスの重要性はますます高まっている。

中野学校が創設された当時も支那事変の泥沼化、欧州情勢の緊迫化、共産主義の浸透と国内テロの増加など、不透明な時代であった。戦況に影響されて当初の目的である秘密戦士の育成から遊撃戦士の育成に修正せざるを得ない試練にも直面した。

しかし、中野関係者は、将来を見据えて、海外情報要員の育成を決意し実行に移した。彼らの決断力と行動力を教訓として、現在の国家組織や民間企業がインテリジェンスの重要性を認識し、情報要員をリスペクトする気風を確立していただきたいものである。

政策決定者や企業の経営陣が、自ら情報関心、情報要求を示し、情報部署を動かし、そこから上がったインテリジェンスを有効活用する。このようなインテリジェンス・サイクルを国家や組織はしっかりと確立していただきたい。

愛国心を涵養する

中野学校が最も重視した精神教育から汲み取るべき教訓について述べたい。

中野学校では秘密戦士としての厳しい精神要素を求めた。その一つは、生死の分かれ目という究極の場面に一人置かれた際に、秘密戦士として「何をなすべきか」を決断し得る精神力の涵養であった。

終戦直前、陸軍省勤務の将校と近衛師団参謀が起こした宮城事件で、クーデター参加要請に対して、一部の中野出身者が集まり、秘密戦士としていかに行動すべきかを議論した。その結果、宮城事件には参加しないこととした。（229頁参照）

中野出身者はそれぞれが「滅私」の精神を持っていたが、彼らは自ら考えて行動した。このような自立心あるいは自律心は、福本亀治中佐がいう「勝手気ままにさせておいて『地位も名誉も金もいらない。国と民族のために捨て石になる覚悟』だけをもたせるよう指導した」（166頁参照）という言葉に集約される。

すなわち、上からの押し付けではない、自ら死生観を確立させる教育が「滅私」の精神と、その精神の立脚する自主・自立の判断力と決断力を養成した。

「滅私」の精神は「誠」の精神ともいわれ、その本質は愛国心である。情報員には愛国心が必要不可欠である。愛国心がなければ、それはテロとの見境がなくなるし、情報活動での二重スパイという問題も発生する。

各国の情報員はそれぞれ国家を意識し、国民を守るために命をかけている。そこには金銭や生活待遇の魅力もあるが、危険な活動を支えるのは愛国心である。

グローバリズムの中で、国家よりも個人が重視される傾向にあり、超国家企業の出現により国家の枠組みの不要論までささやかれるようになっている。

しかしながら、新型コロナ禍のような国際危機に直面すると自活できない国民は国家に頼るよりほかはない。国民は政府の対応に一喜一憂し、さまざまな要求を訴える。

国家の主体は国民自身である。個々が国家に奉仕する意識がなければ、国家が国民を救う構造は成り立たなくなる。危機に際して国家が生き残れるかどうかは国民一人ひとりの愛国心の強度にかかっているのである。

愛国心は、故郷を愛し、家族や国を守る、そのような素朴な感情に由来する。祖先が血をつなぎ、自分という存在を形成した歴史を探究することで、国家のために感謝し、何かしたい、何かを残したいと思う心の発露が愛国心を育む。

ただし、自然発生的な愛国心に頼るだけでは、国家的な危機に際して万全ではない。そのためには教育が必要である。

アメリカの公立小中学校や高校では、校内の中心的な場所に国旗掲揚場が設けられ、毎朝国旗掲揚が行なわれるという。

イスラエルの国の成立と戦争の歴史を見ると、宗教心や愛国心を欠いては国家も民族の存続も危ういことがよくわかる。

中国は、共産主義に代わって「中華ナショナリズム」、すなわち愛国心教育を重視している。小中学生の時から、国家統一の愛国主義教育、国防教育が行なわれ、それは日本に対する戦争勝利を賛美する「反日教育」と表裏一体である。このような愛国主義教育を「形式主義にすぎない」と批評する前に、事実として認識しておかなければならないだろう。

共産主義イデオロギーの終焉を経験したロシアがどのような愛国心を教育を行なっているかは大いに興味がある。

「万世一系」という比類なき歴史を有する日本は、中野学校が精神教育に国体学を取り入れたように、愛国心の涵養に歴史教育が活用できるという利点がある。

グローバリズムと一国主義（ナショナリズム）の狭間で揺れる国際社会にあって、わが国は歴史教育が育む伝統的な愛国心を母体として、多様な人種・民族の価値観をも包摂《ほうせつ》し得るような、より新しい愛国の概念を生みだしていく必要があろう。

新時代の人材育成のあり方

最後に、中野学校から学ぶ人材育成上の現代的教訓について述べる。

中野学校および中野出身者は太平洋戦争という大渦に巻き込まれ、長期を見据えた秘密戦士から即戦力のための遊撃戦士へと教育の軸足を移した。

このことが中野学校などの評価を難しくしているのであるが、中野学校を視察した陸軍高官の高評価、中野出身者の現地軍での評判や南方戦線での現地人からの信頼など、中野出身者が大成する片鱗が随所にうかがえる。事実、中野出身者は戦後さまざまな分野で活躍した[※]。

これらは、厳しい選抜過程を経た中野出身者の秀逸さに起因するところが大きいとはいえ、学校関係者の熱血指導や学生相互の切磋琢磨による領導感化があったとみられる。

中野教育から今日の情報教育に汲み入れるべき教訓は多々あるが、今日のさまざまな分野での人材育成上のヒントも含まれていると筆者は考える。

デジタル社会の到来で、知識教育よりも、ＡＩなどが代替できない、問題や課題を発見する能力の養成が重要となっている。またＶＵＣＡ時代[※※]と形容される先行き不透明で変化が激しいビジネス社会では、市場や顧客などの状況を判断して、具体的な行動を決断、実行に移すことが重要になっている。

中野学校の創設期はまさに先の見えない激動の中にあり、一期生および二期生は、誰も明確な定義ができない、秘密戦という未開拓の分野のパイオニアとして、ひたすら使命感に基づき、無人の荒野を行くがごとく、自らが判断と決断を行ない、行動に移す能力と精神力の涵養に努めた。そして、そのようなフロンティア精神は後輩に引き継がれた。

だからこそ、自由闊達な校風、滅私奉公を涵養した精神教育、目的意識を明確にして形式にとらわれない柔軟な教育、生きた題材を活用した実戦的な情報教育、限りなく実戦環境を作為した状況下での判断力・決断力の養成、これらに代表される中野教育は時代を経てもなお新鮮なのである。

つまり、中野学校で行なわれた教育は今日のあらゆる領域での人材教育に再活用できるといっても過言ではない。

愛国心および使命感という大枠のもと、組織としての目的を明確にして思考力、判断力を鍛え、自由闊達な雰囲気を醸成し、組織員の自主的行動力を促すことが重要なのである。

（※）著名な中野出身者には、既出の小野田寛郎（俣1）のほか、元衆議院議員・木村武千代（乙I長）、元島根県知事・恒松制治（8丙）、元東武百貨店社長・山中鏆（8丙）、元文部大臣・石橋一弥（俣3）、沖縄返還や北方領土返還に携わった末次一郎（俣1）などがあげられる。

（※※）V：Volatility（変動性）、U：Uncertainty（不確実性）、C：Complexity（複雑性）、A：Ambiguity（曖昧性）の頭文字を取ったもの。

おわりに

筆者は一九八四年に陸上自衛隊に入隊して以降、ほぼ一貫して情報畑で勤務した。最初の情報勤務は一九八七年に入校した調査学校（当時）からであった。

調査学校で情報勤務の基礎をすべて学んだ。とくに情報従事者としての精神面のあり方を教官および同僚との触れ合いの中で学んだ。

同校のモットーは「智・魂・技」で、中でも「魂」の錬磨が最も強調され、自由闊達で自ら考え、答えを出す創造性が重視された。この点は、中野学校の校風と共通すると思う。

調査学校には中野学校の「無私の精神」や「自ら考えること」、すなわち「中野精神」が受け継がれていた。楠木正成に学ぶ気風などもあった。

前述のとおり、調査学校は中野学校の復活でもなければ、相似形でもないが、おそらく中野出身者が調査学校で勤務された影響があったのだろう。正規の課業を超えた触れ合いを通じて「中野精神」

なるものを学生に残す努力がなされ、それが有形無形に受け継がれていたと思われる。
しかしながら、調査学校から小平学校に移る中で、中野学校との距離は離れ、中野精神も忘れ去られたように思う。今日の情報学校で中野学校のことを正確に知る者はほとんどいないであろう。
筆者も中野学校に関する正しい認識はなかった。二〇一六年に拙著『戦略的インテリジェンス入門』を上梓した際、ある著作から以下の記事を引用し、中野学校と北朝鮮情報機関を安易に関連づけた。

終戦後、北朝鮮は現地に残った中野学校出身者を利用してスパイ工作機関を設立していたという。（中略）北朝鮮のスパイ工作機関が優れた工作活動をしているのは日本帝国時代の陸軍中野学校の教科書を使ったスパイ活動のノウハウを覚えたからだ……

その後、拙著をお読みいただいた「中野二誠会」（中野学校卒業生および関係者を父に持つ者の会）の方から次のメールをいただいた。

戦後の中野学校出身者と北朝鮮との関係を結びつけるような事実はいっさい確認できていません。中野学校では教科書を使う授業の際には授業後すべて回収していたと聞いています。しかも敗戦前夜までにすべて焼却したようです。戦後、間違えて卒業生の実家宛の行李に混入していて見つかった例や、陸軍省のある人物が隠し持っていた教本が出てきた例があるのみです。つまり「陸軍中野学校の教科書」なるものは存在しません。

冷静に考えれば、現地の中野出身者はシベリアに抑留され（199頁参照）、北朝鮮軍の結成にはソ連が関与し、北朝鮮情報機関もソ連情報機関の制度にならい形成されたことは容易に推察できたはずである。

しかしながら筆者は、巷にあふれている中野学校関連書を読むうちに、情報を無批判に受け入れる過ちを犯していた。そこでもう一度、中野学校について勉強し直すことにしたのである。

ただし、その道のりは容易ではなかった。中野学校を取り巻く周辺環境を理解するため、第一次世界大戦以後の世界の情報戦史を研究し、わが国の秘密戦の歴史や思想史についても多くの文献を渉猟した。その成果の一部はメルマガ「軍事情報」および拙著『情報戦と女性スパイ』などで紹介させていただいた。

中野学校を一冊の著書として刊行しようとした過程では、理解力や筆力の欠如から、中野学校の実相あるいは先人たちの労苦を表現しきれない挫折感を覚え、執筆を中断したこともあった。

だが、筆者の友人の支援、中野関係者および出版社のご厚意で、五年の歳月をかけて、ようやく一つの形にすることができた。

少々大袈裟ではあるが、本書は自身の内面と向き合い、先人たちの崇高な精神をあれこれ分析する資格もない自らの〝未熟さ〟を自覚し、また〝葛藤〟と戦い抜いた末の書なのである。


本書は、基礎資料として中野学校関係者が組織した「中野校友会」編纂の『陸軍中野学校』に多くを依存している。ほかに中野学校出身者、関係者の著作などを参考にした。

また、中野出身者である牟田照雄氏のほか、「中野二誠会」の数人の会員の方から貴重な話をお聞きした。高井三郎氏からは関連資料の提供を受け、調査学校の設立経緯などをお聞きした。

こうした交流を通じて得た関係者の発言などは、本書の執筆に直接、間接に反映させていただいた。

以上の関係者の方々には、深甚なる感謝を表したい。

また、慶応義塾大学メディア・コミュニケーション研究所の都倉武之研究会の学生が二〇一六（平成二八）年から一七年にかけて調査研究した「陸軍中野学校の虚像と実像」「陸軍中野学校をめぐる人々とメディア表象──その虚像と実像」の論考集も参考にさせていただいた。

執筆に際し、構想段階から協力をいただいた尾崎浩一氏に感謝申し上げたい。

筆者にインテリジェンス研究の場を提供し、支援いただいている株式会社ラックの関係上司、および同社「ナショナルセキュリティ研究所」の佐藤雅俊所長ほか同僚にお礼を申し上げる。

本書が陸軍中野学校の実相を世間に伝え、その誤認識を正すことに一役買うことを願ってやまない。そして、わが国の情報戦あるいは情報活動のあり方を論議するうえで一つのきっかけとなれば幸いである。

上田篤盛

主要参考文献

中野校友会編『陸軍中野学校』（非売品、1978年）
有賀傳著『日本陸海軍の情報機構とその活動』（近代文藝社、1994年）
小谷賢著『日本軍のインテリジェンス』（講談社選書、2007年）
丸山静雄著『中野学校―特務機関員の手記』（平和書房、1948年）
木下健蔵著『消された秘密戦研究所』（信濃毎日新聞社、1994年）
加藤正夫著『陸軍中野学校―秘密戦士の実態』（光人社、2001年）
鈴木敏夫著『関東軍特殊部隊』（光人社、1988年）
原田統吉著『風と雲と最後の諜報将校―陸軍中野学校第二期生の手記』（自由国民社、1973年）
原田統吉著「私の受けた中野学校の精神教育」（『歴史と人物』昭和四九年五月号）
伊藤貞利著『中野学校の秘密戦―中野は語らず、されど語らねばならぬ』（中央書林、1984年）
日下部一郎著『決定版 陸軍中野学校実録』（ベストブック、2015年）
吉原政巳著『中野学校教育―一教官の回想』（新人物往来社、1974年）
桑原嶽編『風濤―一軍人の軌跡』（非売品、1990年）
サンケイ新聞出版局編『証言太平洋戦争―開戦の原因』（サンケイ新聞社出版局、1975年）
岩井忠熊著『陸軍・秘密情報機関の男』（新日本出版社、2005年）
泉谷達郎著『その名は南謀略機関―ビルマ独立秘史』（徳間書店、1967年）
斎藤充功著『日本スパイ養成所―陸軍中野学校のすべて』（笠倉出版社、2014年）
斎藤充功著『証言陸軍中野学校 卒業生たちの追想』（バジリコ、2013年）
斎藤充功、歯黒猛夫著『陸軍中野学校秘史』（ダイアプレス、2013年）
田中隆吉著『日本軍閥暗闘史』（中公文庫、1988年）
畠山清行、保阪正康著『秘録 陸軍中野学校』（新潮文庫、2003年）
畠山清行、保阪正康著『陸軍中野学校 終戦秘史』（新潮文庫、2004年）
林武、和田朋幸、大八木敦裕『研究ノート 陸海軍の防諜―その組織と教育』（防衛研究所紀要第14巻第2号、2012年）
保坂正康他著『あの戦争になぜ負けたのか』（文春新書、2006年）
松本重夫著『自衛隊「影の部隊」情報戦秘録』（アスペクト、2008年）

高井三郎著『国防態勢の厳しい現実―国防の主役たるべき国民に軍事プロが訴える自衛隊の苦しい実態』（勉誠出版、２０２０年）
三上智恵著『証言 沖縄スパイ戦史』（集英社新書、２０２０年）
ＮＨＫスペシャル取材班著『少年ゲリラ兵の告白―陸軍中野学校が作った沖縄秘密部隊』（新潮文庫、２０１９年）
川満彰著『陸軍中野学校と沖縄戦―知られざる少年兵「護郷隊」』（吉川弘文館、２０１８年）
伴繁雄著『陸軍登戸研究所の真実』（芙蓉書房出版、２０１０年）
田原嗣郎、守本順一郎著『日本思想大系 山鹿素行』（岩波書店、一九七〇年）
山本武利著『特務機関の謀略―諜報とインパール作戦』（吉川弘文館、１９９８年）
三根生久大著『陸軍参謀―エリート教育の功罪』（文春文庫、１９９２年）
杉田一次著『情報なき戦争指導―大本営情報参謀の回想』（原書房、１９８７年）
堀栄三著『大本営参謀の情報戦記』（文春文庫、１９９６年）
土肥原賢二刊行会編『秘録土肥原賢二―日中友好の捨石』（芙蓉書房、１９７２年）
稲葉千晴著『明石工作―謀略の日露戦争』（丸善、１９９５年）
大橋武夫解説『統帥綱領』（建帛社、１９７２年）
谷光太郎著『情報敗戦―太平洋戦史に見る組織と情報戦略』（ピアソンエデュケーション、１９９９年）
大江志乃夫著『日本の参謀本部』（吉川弘文館、２０１８年）
谷壽夫著『機密日露戦史』（原書房、２００４年）
実松譲著『国際謀略―世界を動かす情報戦争』（講談社、１９６６年）
実松譲著『海軍大学教育』（光人社、１９９３年）
津田信著『幻想の英雄』（図書出版社、１９７７年）
橋本惠著『謀略―かくして日米は戦争に突入した』（早稲田出版、１９９９年）
森村誠一著『悪魔の飽食』（光文社、１９８１年）
岩畔豪雄『昭和陸軍謀略秘史』（日経ＢＰＭ、２０１５年）
そのほか、野外要務令、陣中要務令、作戦要務令などの旧軍教範を参照

上田篤盛（うえだ・あつもり）
1960年広島県生まれ。株式会社ラック「ナショナルセキュリティ研究所」シニアコンサルタント。元防衛省情報分析官。防衛大学校（国際関係論）卒業後、1984年に陸上自衛隊に入隊。87年に陸上自衛隊調査学校の語学課程に入校以降、情報関係職に従事。92年から95年にかけて在バングラデシュ日本国大使館において警備官として勤務し、危機管理、邦人安全対策などを担当。帰国後、調査学校教官をへて戦略情報課程および総合情報課程を履修。その後、防衛省情報分析官および陸上自衛隊情報教官などとして勤務。2015年定年退官。著書に『中国軍事用語事典（共著）』（蒼蒼社）、『中国の軍事力 2020年の将来予測（共著）』（蒼蒼社）、『戦略的インテリジェンス入門―分析手法の手引き』『中国が仕掛けるインテリジェンス戦争』『中国戦略“悪”の教科書―「兵法三十六計」で読み解く対日工作』『情報戦と女性スパイ』『武器になる情報分析力』（いずれも並木書房）、『未来予測入門』（講談社）。

情報分析官が見た陸軍中野学校
―秘密戦士の孤独な戦い―

2021年５月５日　印刷
2021年５月15日　発行

著　者　上田篤盛
発行者　奈須田若仁
発行所　並木書房
〒170-0002東京都豊島区巣鴨2-4-2-501
電話(03)6903-4366　fax(03)6903-4368
http://www.namiki-shobo.co.jp
印刷製本　モリモト印刷
ISBN978-4-89063-408-8